くもんの小学ドリル

がんばり2年生
学しゅう記ろくひょう

名前

| 1 | 2 | 3 | 4 | 5 | | 8 |

JN028748

| 9 | 10 | 11 | 12 | 13 | 14 | 15 | 16 |

| 17 | 18 | 19 | 20 | 21 | 22 | 23 | 24 |

| 25 | 26 | 27 | 28 | 29 | 30 | 31 | 32 |

| 33 | 34 | 35 | 36 | 37 | 38 | 39 | 40 |

| 41 | 42 |

1さつ ぜんぶ おわったら、
ここに 大きな シールを
はりましょう。

あなたは
「くもんの小学ドリル　算数　2年生たし算」を、
さいごまで　やりとげました。
すばらしいです！
これからも　がんばってください。

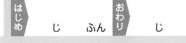

月　　日　名まえ　　　　はじめ　　じ　ふん　おわり　じ　ふん

1　けいさんを　しましょう。　　〔1もん　2てん〕

① 4＋1＝

② 6＋1＝

③ 4＋2＝

④ 8＋2＝

⑤ 5＋3＝

⑥ 7＋3＝

⑦ 9＋3＝

⑧ 4＋4＝

⑨ 7＋4＝

⑩ 5＋4＝

⑪ 2＋5＝

⑫ 8＋5＝

⑬ 4＋5＝

⑭ 3＋6＝

⑮ 8＋6＝

⑯ 4＋6＝

⑰ 3＋7＝

⑱ 6＋7＝

⑲ 8＋7＝

⑳ 2＋8＝

㉑ 5＋8＝

㉒ 8＋8＝

㉓ 3＋9＝

㉔ 6＋9＝

㉕ 9＋9＝

©くもん出版

1から　9までを　たす　たしざんを　おもいだそう。

1

2 けいさんを しましょう。

① $3 + 7 =$

② $4 + 8 =$

③ $5 + 6 =$

④ $2 + 9 =$

⑤ $6 + 5 =$

⑥ $4 + 7 =$

⑦ $7 + 9 =$

⑧ $8 + 3 =$

⑨ $5 + 8 =$

⑩ $4 + 6 =$

⑪ $6 + 9 =$

⑫ $9 + 7 =$

⑬ $8 + 9 =$

⑭ $4 + 3 =$

⑮ $2 + 5 =$

⑯ $6 + 3 =$

⑰ $7 + 7 =$

⑱ $9 + 9 =$

⑲ $5 + 6 =$

⑳ $3 + 9 =$

㉑ $9 + 1 =$

㉒ $6 + 4 =$

㉓ $7 + 5 =$

㉔ $4 + 9 =$

㉕ $8 + 8 =$

©くもん出版

まちがえた もんだいは, もう 一度
やりなおして みよう。

2

てん

| 月　日 | 名まえ | はじめ　じ　ふん　おわり　じ　ふん |

1　けいさんを　しましょう。

〔1もん　2てん〕

❶　9＋1＝

❷　10＋1＝

❸　11＋1＝

❹　12＋1＝

❺　10＋2＝

❻　11＋2＝

❼　12＋2＝

❽　12＋3＝

❾　13＋3＝

❿　14＋3＝

⓫　12＋4＝

⓬　13＋4＝

⓭　14＋4＝

⓮　12＋5＝

⓯　13＋5＝

⓰　14＋5＝

⓱　11＋6＝

⓲　12＋6＝

⓳　13＋6＝

⓴　10＋7＝

㉑　11＋7＝

㉒　12＋7＝

㉓　10＋8＝

㉔　11＋8＝

㉕　10＋9＝

たして　19までの　たしざんを　おもいだそう。

2 けいさんを しましょう。

〔1もん 2てん〕

① 10＋1＝

② 10＋3＝

③ 10＋5＝

④ 10＋8＝

⑤ 11＋2＝

⑥ 11＋3＝

⑦ 11＋6＝

⑧ 11＋8＝

⑨ 12＋1＝

⑩ 12＋4＝

⑪ 12＋7＝

⑫ 13＋2＝

⑬ 13＋3＝

⑭ 13＋6＝

⑮ 14＋1＝

⑯ 14＋3＝

⑰ 14＋5＝

⑱ 15＋2＝

⑲ 15＋3＝

⑳ 15＋4＝

㉑ 16＋1＝

㉒ 16＋3＝

㉓ 17＋1＝

㉔ 17＋2＝

㉕ 18＋1＝

まちがえた もんだいは, もう 一ど
やりなおして みよう。

4

てん

むずかしさ ★★★

月　　日　　名まえ

はじめ　　じ　ふん　　おわり　　じ　ふん

1 けいさんを しましょう。

〔1もん　2てん〕

① 20＋ 3 ＝

② 50＋ 5 ＝

③ 80＋ 4 ＝

④ 30＋ 8 ＝

⑤ 70＋ 7 ＝

⑥ 90＋ 6 ＝

⑦ 40＋ 5 ＝

⑧ 60＋ 9 ＝

⑨ 22＋ 5 ＝

⑩ 43＋ 3 ＝

⑪ 74＋ 4 ＝

⑫ 14＋ 0 ＝

⑬ 26＋ 2 ＝

⑭ 32＋ 7 ＝

⑮ 46＋ 3 ＝

⑯ 55＋ 3 ＝

⑰ 93＋ 4 ＝

⑱ 10＋10＝

⑲ 50＋10＝

⑳ 30＋20＝

㉑ 50＋20＝

㉒ 10＋40＝

㉓ 20＋60＝

㉔ 40＋60＝

㉕ 20＋70＝

©くもん出版

大きな かずの たしざんを おもいだそう。

2 けいさんを しましょう。

① $14 + 3 =$

② $35 + 4 =$

③ $51 + 8 =$

④ $40 + 40 =$

⑤ $73 + 5 =$

⑥ $20 + 3 =$

⑦ $63 + 6 =$

⑧ $30 + 70 =$

⑨ $84 + 2 =$

⑩ $62 + 5 =$

⑪ $26 + 3 =$

⑫ $32 + 5 =$

⑬ $40 + 40 =$

⑭ $23 + 4 =$

⑮ $46 + 3 =$

⑯ $50 + 40 =$

⑰ $50 + 6 =$

⑱ $22 + 5 =$

⑲ $45 + 4 =$

⑳ $51 + 6 =$

㉑ $30 + 7 =$

㉒ $62 + 5 =$

㉓ $50 + 2 =$

㉔ $28 + 1 =$

㉕ $74 + 5 =$

まちがえた もんだいは, もう 一ど
やりなおして みよう。

てん

4 チェックテスト

月　日　名まえ

1 つぎの けいさんを しましょう。

〔1もん 2てん〕

① $5 + 3 =$

② $6 + 9 =$

③ $3 + 6 =$

④ $7 + 9 =$

⑤ $2 + 5 =$

⑥ $5 + 8 =$

⑦ $9 + 5 =$

⑧ $9 + 3 =$

⑨ $6 + 2 =$

⑩ $8 + 6 =$

⑪ $6 + 1 =$

⑫ $2 + 8 =$

⑬ $3 + 7 =$

⑭ $9 + 9 =$

⑮ $1 + 3 =$

⑯ $8 + 7 =$

⑰ $6 + 6 =$

⑱ $8 + 4 =$

⑲ $2 + 9 =$

⑳ $4 + 7 =$

㉑ $5 + 6 =$

㉒ $7 + 6 =$

㉓ $4 + 3 =$

㉔ $6 + 8 =$

㉕ $4 + 9 =$

2 つぎの けいさんを しましょう。　〔1もん 2てん〕

❶ 13＋2 ＝

❷ 16＋3 ＝

❸ 10＋6 ＝

❹ 11＋6 ＝

❺ 10＋7 ＝

❻ 14＋5 ＝

❼ 15＋2 ＝

❽ 13＋3 ＝

❾ 18＋1 ＝

❿ 12＋2 ＝

⓫ 12＋4 ＝

⓬ 15＋3 ＝

⓭ 12＋5 ＝

⓮ 14＋3 ＝

⓯ 12＋6 ＝

⓰ 13＋6 ＝

⓱ 15＋4 ＝

⓲ 14＋2 ＝

⓳ 17＋2 ＝

⓴ 11＋7 ＝

3 つぎの けいさんを しましょう。　〔1もん 2てん〕

❶ 40＋30 ＝

❷ 37＋2 ＝

❸ 80＋7 ＝

❹ 20＋80 ＝

❺ 63＋5 ＝

てんすうを つけてから，86ページの
アドバイス を よもう。

8

てん

5

たして　24まで

むずかしさ
★ ★ ☆

| 月　日 | 名まえ | 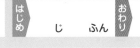 はじめ　じ　ふん　おわり　じ　ふん |

---

1 けいさんを　しましょう。　　　　　〔1もん　2てん〕

① 12＋2＝

② 14＋2＝

③ 16＋2＝

④ 12＋3＝

⑤ 14＋3＝

⑥ 16＋3＝

⑦ 12＋4＝

⑧ 14＋4＝

⑨ 16＋4＝

⑩ 12＋5＝

⑪ 14＋5＝

⑫ 15＋5＝

⑬ 15＋6＝

⑭ 12＋6＝

⑮ 14＋6＝

⑯ 16＋6＝

⑰ 13＋7＝

⑱ 14＋7＝

⑲ 15＋7＝

⑳ 16＋7＝

㉑ 13＋8＝

㉒ 14＋8＝

㉓ 15＋8＝

㉔ 16＋8＝

㉕ 12＋9＝

©くもん出版

たして　24までの　たしざんを　おぼえよう。

9

2 けいさんを しましょう。 〔1もん 2てん〕

① 12＋5＝

② 12＋7＝

③ 12＋8＝

④ 13＋7＝

⑤ 13＋9＝

⑥ 14＋4＝

⑦ 14＋6＝

⑧ 14＋8＝

⑨ 15＋5＝

⑩ 15＋7＝

⑪ 15＋9＝

⑫ 16＋6＝

⑬ 16＋8＝

⑭ 17＋4＝

⑮ 17＋5＝

⑯ 17＋6＝

⑰ 17＋7＝

⑱ 18＋3＝

⑲ 18＋4＝

⑳ 18＋5＝

㉑ 18＋6＝

㉒ 19＋2＝

㉓ 19＋3＝

㉔ 19＋4＝

㉕ 19＋5＝

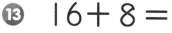

まちがえた もんだいは, もう 一ど
やりなおして みよう。

てん

| 月 日 | 名まえ | はじめ じ ふん おわり じ ふん |

1 けいさんを しましょう。

〔1もん 2てん〕

① 14＋3＝

② 15＋3＝

③ 16＋3＝

④ 17＋3＝

⑤ 15＋4＝

⑥ 16＋4＝

⑦ 17＋4＝

⑧ 15＋5＝

⑨ 16＋5＝

⑩ 17＋5＝

⑪ 15＋6＝

⑫ 16＋6＝

⑬ 17＋6＝

⑭ 14＋7＝

⑮ 15＋7＝

⑯ 16＋7＝

⑰ 17＋7＝

⑱ 14＋8＝

⑲ 15＋8＝

⑳ 16＋8＝

㉑ 17＋8＝

㉒ 14＋9＝

㉓ 15＋9＝

㉔ 16＋9＝

㉕ 17＋9＝

©くもん出版

たして 28までの たしざんを おぼえよう。

2 けいさんを しましょう。

〔1もん 2てん〕

① 14＋3＝

② 14＋5＝

③ 14＋7＝

④ 14＋9＝

⑤ 15＋4＝

⑥ 15＋6＝

⑦ 15＋8＝

⑧ 15＋9＝

⑨ 16＋3＝

⑩ 16＋5＝

⑪ 16＋7＝

⑫ 16＋8＝

⑬ 16＋9＝

⑭ 17＋5＝

⑮ 17＋6＝

⑯ 17＋8＝

⑰ 17＋9＝

⑱ 18＋9＝

⑲ 18＋7＝

⑳ 18＋6＝

㉑ 18＋8＝

㉒ 19＋8＝

㉓ 19＋7＝

㉔ 19＋6＝

㉕ 19＋9＝

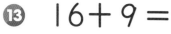

まちがえた もんだいは, もう 一ど
やりなおして みよう。

てん

月　日　名まえ　　はじめ　じ　ふん　おわり　じ　ふん

1 けいさんを しましょう。　　〔1もん 2てん〕

① 10＋3＝

② 10＋5＝

③ 10＋7＝

④ 20＋3＝

⑤ 20＋5＝

⑥ 20＋7＝

⑦ 30＋1＝

⑧ 30＋6＝

⑨ 40＋6＝

⑩ 50＋6＝

⑪ 60＋7＝

⑫ 70＋8＝

⑬ 3＋10＝

⑭ 5＋10＝

⑮ 7＋10＝

⑯ 3＋20＝

⑰ 5＋20＝

⑱ 7＋20＝

⑲ 1＋30＝

⑳ 6＋30＝

㉑ 6＋40＝

㉒ 6＋50＝

㉓ 7＋60＝

㉔ 8＋70＝

©くもん出版

一のくらい，十のくらいに ちゅういして けいさんしよう。

2 けいさんを しましょう。

〔1もん 2てん〕

① 2＋30＝

② 4＋50＝

③ 8＋70＝

④ 3＋20＝

⑤ 5＋40＝

⑥ 1＋20＝

⑦ 6＋10＝

⑧ 9＋60＝

⑨ 7＋70＝

⑩ 2＋50＝

⑪ 1＋40＝

⑫ 5＋70＝

⑬ 3＋60＝

⑭ 6＋20＝

⑮ 4＋30＝

⑯ 7＋90＝

⑰ 2＋80＝

⑱ 9＋10＝

⑲ 4＋60＝

⑳ 8＋50＝

㉑ 3＋30＝

㉒ 6＋40＝

㉓ 8＋20＝

㉔ 9＋80＝

㉕ 4＋70＝

㉖ 7＋30＝

まちがえた もんだいは, もう 一ど
やりなおして みよう。

14

てん

月　日　名まえ

はじめ　じ　ふん　おわり　じ　ふん

1 けいさんを しましょう。

〔1もん 2てん〕

① 4 + 14 =

② 4 + 24 =

③ 4 + 34 =

④ 5 + 13 =

⑤ 5 + 23 =

⑥ 5 + 43 =

⑦ 5 + 63 =

⑧ 8 + 11 =

⑨ 8 + 20 =

⑩ 8 + 21 =

⑪ 8 + 30 =

⑫ 8 + 31 =

⑬ 8 + 51 =

⑭ 2 + 16 =

⑮ 2 + 26 =

⑯ 2 + 46 =

⑰ 2 + 66 =

⑱ 7 + 10 =

⑲ 7 + 20 =

⑳ 7 + 22 =

㉑ 7 + 42 =

㉒ 6 + 40 =

㉓ 6 + 52 =

㉔ 6 + 62 =

㉕ 6 + 82 =

©くもん出版

一のくらい，十のくらいに ちゅういして けいさんしよう。

2　けいさんを　しましょう。

〔1もん　2てん〕

① $4+15=$

② $3+16=$

③ $3+26=$

④ $5+21=$

⑤ $7+30=$

⑥ $8+31=$

⑦ $6+33=$

⑧ $2+35=$

⑨ $2+45=$

⑩ $6+41=$

⑪ $6+50=$

⑫ $5+53=$

⑬ $7+52=$

⑭ $5+63=$

⑮ $6+60=$

⑯ $4+65=$

⑰ $4+75=$

⑱ $7+72=$

⑲ $3+71=$

⑳ $3+80=$

㉑ $3+81=$

㉒ $5+84=$

㉓ $2+86=$

㉔ $2+96=$

㉕ $4+93=$

まちがえた　もんだいは，もう　一ど
やりなおして　みよう。

てん

16

むずかしさ ★★☆

| 月　日 | 名まえ | はじめ　じ　ふん　おわり　じ　ふん |

1 けいさんを しましょう。

〔1もん 2てん〕

① 5 ＋10＝

② 9 ＋10＝

③ 10＋10＝

④ 11＋10＝

⑤ 13＋10＝

⑥ 15＋10＝

⑦ 5 ＋20＝

⑧ 9 ＋20＝

⑨ 10＋20＝

⑩ 11＋20＝

⑪ 13＋20＝

⑫ 15＋20＝

⑬ 15＋30＝

⑭ 31＋20＝

⑮ 42＋30＝

⑯ 55＋40＝

⑰ 68＋10＝

⑱ 72＋20＝

⑲ 24＋60＝

⑳ 36＋50＝

㉑ 48＋40＝

㉒ 57＋30＝

㉓ 66＋20＝

㉔ 34＋60＝

㉕ 29＋70＝

一のくらい，十のくらいに ちゅういして けいさんしよう。

17

2 けいさんを しましょう。

① $10 + 5 =$

② $10 + 9 =$

③ $10 + 10 =$

④ $10 + 11 =$

⑤ $10 + 13 =$

⑥ $10 + 15 =$

⑦ $20 + 5 =$

⑧ $20 + 9 =$

⑨ $20 + 10 =$

⑩ $20 + 11 =$

⑪ $20 + 13 =$

⑫ $20 + 15 =$

⑬ $30 + 15 =$

⑭ $30 + 45 =$

⑮ $40 + 58 =$

⑯ $50 + 22 =$

⑰ $60 + 33 =$

⑱ $70 + 25 =$

⑲ $80 + 16 =$

⑳ $20 + 63 =$

㉑ $30 + 54 =$

㉒ $40 + 27 =$

㉓ $50 + 34 =$

㉔ $60 + 21 =$

㉕ $40 + 48 =$

©くもん出版

まちがえた もんだいは, もう 一ど
やりなおして みよう。

てん

むずかしさ ★★☆

| 月 日 | 名まえ | はじめ じ ふん おわり じ ふん |

1 けいさんを しましょう。

〔1もん 2てん〕

① 60＋20＝

② 70＋20＝

③ 80＋20＝

④ 90＋20＝

⑤ 70＋30＝

⑥ 80＋30＝

⑦ 90＋30＝

⑧ 60＋40＝

⑨ 70＋40＝

⑩ 90＋40＝

⑪ 60＋50＝

⑫ 80＋50＝

⑬ 90＋50＝

⑭ 50＋60＝

⑮ 60＋60＝

⑯ 80＋60＝

⑰ 50＋70＝

⑱ 60＋70＝

⑲ 80＋70＝

⑳ 50＋80＝

㉑ 80＋80＝

㉒ 90＋80＝

㉓ 40＋90＝

㉔ 70＋90＝

㉕ 80＋90＝

たして 100を こえる たしざんを れんしゅうしよう。

2 けいさんを しましょう。 〔1もん 2てん〕

① 50+60=

② 60+80=

③ 70+90=

④ 50+50=

⑤ 70+60=

⑥ 60+90=

⑦ 70+40=

⑧ 90+70=

⑨ 80+90=

⑩ 80+80=

⑪ 70+70=

⑫ 90+30=

⑬ 60+50=

⑭ 80+30=

⑮ 60+60=

⑯ 90+20=

⑰ 80+70=

⑱ 90+50=

⑲ 70+80=

⑳ 80+60=

㉑ 90+40=

㉒ 70+50=

㉓ 60+70=

㉔ 90+80=

㉕ 90+90=

まちがえた もんだいは, もう 一ど
やりなおして みよう。

てん

11 たして 100まで（1）

月　日　名まえ　　　はじめ　じ　ふん　おわり　じ　ふん

1 けいさんを しましょう。

〔1もん 2てん〕

たてに かいた けいさんを ひっさんと いうんだよ。

❶ 4 + 2 = □

❷ 5 + 3 = □

❸ 8 + 1 = □

❹
```
  4
+ 2
────
 □
```

❺
```
  5
+ 3
────
 □
```

❻
```
  8
+ 1
────
 □
```

❼ 6 + 2 = □

❽ 7 + 2 = □

❾
```
  6
+ 2
────
 □
```

❿
```
  7
+ 2
────
 □
```

2 けいさんを しましょう。

〔1もん 2てん〕

❶
```
  3
+ 5
────
```

❷
```
  2
+ 7
────
```

❸
```
  4
+ 5
────
```

❹
```
  6
+ 3
────
```

❺
```
  7
+ 1
────
```

❻
```
 1 3
+  2
────
 1 5
```

❼
```
 1 3
+  3
────
□ □
```

❽
```
 1 3
+  5
────
```

❾
```
 1 4
+  5
────
```

❿
```
 1 6
+  2
────
```

©くもん出版

たしざんを ひっさんで れんしゅうしよう。

3 けいさんを しましょう。

〔1もん 3てん〕

①
```
  1 2
+   4
```
□□

②
```
  1 3
+   3
```

③
```
  1 5
+   2
```

④
```
  1 2
+   7
```

⑤
```
  1 5
+   4
```

⑥
```
  1 4
+   2
```

⑦
```
  1 2
+   4
```

⑧
```
  1 4
+   4
```

⑨
```
  1 7
+   2
```

⑩
```
  1 7
+   3
```

⑪
```
  1 4
+   5
```

⑫
```
  1 5
+   5
```

⑬
```
  1 8
+   2
```

⑭
```
  1 8
+   3
```

⑮
```
  1 1
+   7
```

⑯
```
  1 7
+   1
```

⑰
```
  1 1
+   4
```

⑱
```
  1 6
+   6
```

⑲
```
  1 9
+   4
```

⑳
```
  1 8
+   7
```

©くもん出版

まちがえた もんだいは, もう 一ど
やりなおして みよう。

てん

| 月 日 | 名まえ | はじめ じ ふん | おわり じ ふん |

1 けいさんを しましょう。

〔1もん 2てん〕

①
```
  1 1
+   4
  □ □
```

⑥
```
  1 8
+   6
```

⑪
```
  1 6
+   7
```

⑯
```
  2 2
+   3
```

②
```
  1 5
+   4
```

⑦
```
  1 9
+   7
```

⑫
```
  1 9
+   6
```

⑰
```
  2 4
+   4
```

③
```
  1 5
+   7
```

⑧
```
  1 7
+   3
```

⑬
```
  1 8
+   9
```

⑱
```
  2 6
+   3
```

④
```
  1 9
+   3
```

⑨
```
  1 2
+   8
```

⑭
```
  1 9
+   9
```

⑲
```
  2 6
+   4
```

⑤
```
  1 7
+   5
```

⑩
```
  1 5
+   9
```

⑮
```
  1 6
+   4
```

⑳
```
  2 9
+   5
```

たしざんを ひっさんで れんしゅうしよう。

2 けいさんを しましょう。

〔1もん　3てん〕

❶　　１６
　　＋　５
　　□□

❻　　２６
　　＋　５

⓫　　１１
　　＋１３
　　□□

⓰　　２３
　　＋１２

❷　　１３
　　＋　９

❼　　２３
　　＋　９

⓬　　１６
　　＋１１
　　□□

⓱　　２４
　　＋１４

❸　　１５
　　＋　８

❽　　２５
　　＋　８

⓭　　１６
　　＋１２

⓲　　２１
　　＋１５

❹　　１７
　　＋　９

❾　　２７
　　＋　９

⓮　　１３
　　＋１５

⓳　　２６
　　＋１２

❺　　１８
　　＋　７

❿　　２８
　　＋　７

⓯　　１５
　　＋１４

⓴　　３６
　　＋１２

まちがえた　もんだいは，もう　一ど
やりなおして　みよう。

てん

13　たして　100まで（3）

むずかしさ
★ ★ ☆

月　日	名まえ	はじめ　じ　ふん　おわり　じ　ふん

1　けいさんを　しましょう。

〔1もん　2てん〕

①
```
  2 4
+   6
```

⑥
```
  3 8
+   3
```

⑪
```
  1 1
+ 3 2
```

⑯
```
  4 3
+ 1 2
```

②
```
  2 5
+   8
```

⑦
```
  3 7
+   5
```

⑫
```
  3 5
+ 1 1
```

⑰
```
  3 5
+ 2 4
```

③
```
  2 8
+   4
```

⑧
```
  3 4
+   7
```

⑬
```
  5 0
+ 1 5
```

⑱
```
  5 0
+ 1 8
```

④
```
  2 8
+   6
```

⑨
```
  3 6
+   8
```

⑭
```
  4 3
+ 1 5
```

⑲
```
  2 1
+ 4 5
```

⑤
```
  2 9
+   8
```

⑩
```
  3 8
+   8
```

⑮
```
  8 3
+ 1 6
```

⑳
```
  8 3
+ 1 5
```

©くもん出版

2けたの　かずの　たしざんを　れんしゅうしよう。

2 けいさんを しましょう。

①
```
  3 7
+   4
```

⑥
```
  4 8
+   2
```

⑪
```
  2 4
+ 1 2
```

⑯
```
  3 5
+ 1 3
```

②
```
  3 5
+   9
```

⑦
```
  4 4
+   8
```

⑫
```
  1 3
+ 2 0
```

⑰
```
  3 6
+ 4 2
```

③
```
  3 6
+   6
```

⑧
```
  4 7
+   7
```

⑬
```
  2 3
+ 1 2
```

⑱
```
  2 3
+ 5 4
```

④
```
  3 8
+   7
```

⑨
```
  4 6
+   7
```

⑭
```
  2 5
+ 1 4
```

⑲
```
  4 0
+ 5 8
```

⑤
```
  3 7
+   9
```

⑩
```
  4 8
+   8
```

⑮
```
  3 4
+ 5 1
```

⑳
```
  1 6
+ 2 3
```

まちがえた もんだいは, もう 一ど
やりなおして みよう。

てん

| 月　日 | 名まえ | はじめ　じ　ふん　おわり　じ　ふん |

1　けいさんを　しましょう。

〔1もん　2てん〕

① 　15
　＋　5
　□□

⑥ 　15
　＋15
　□□

⑪ 　18
　＋　2

⑯ 　18
　＋22

② 　25
　＋　5

⑦ 　25
　＋15

⑫ 　28
　＋　2

⑰ 　28
　＋22

③ 　35
　＋　5

⑧ 　35
　＋15

⑬ 　38
　＋　2

⑱ 　38
　＋22

④ 　45
　＋　5

⑨ 　45
　＋15

⑭ 　48
　＋　2

⑲ 　48
　＋22

⑤ 　55
　＋　5

⑩ 　55
　＋15

⑮ 　58
　＋　2

⑳ 　58
　＋22

右と　左の　たしざんを
それぞれ　くらべて
みよう。

©くもん出版

2けたの　かずの　たしざんを　れんしゅうしよう。

2 けいさんを しましょう。

〔1もん 3てん〕

① 　17
　　+ 4

② 　27
　　+ 4

③ 　37
　　+ 4

④ 　47
　　+ 4

⑤ 　57
　　+ 4

⑥ 　17
　　+14

⑦ 　27
　　+14

⑧ 　37
　　+14

⑨ 　47
　　+14

⑩ 　57
　　+14

⑪ 　16
　　+ 5

⑫ 　26
　　+ 5

⑬ 　36
　　+ 5

⑭ 　46
　　+ 5

⑮ 　56
　　+ 5

⑯ 　16
　　+15

⑰ 　26
　　+15

⑱ 　36
　　+15

⑲ 　46
　　+15

⑳ 　56
　　+15

まちがえた もんだいは, もう 一ど
やりなおして みよう。

28

□ てん

15 たして 100まで(5)

月 日 名まえ はじめ じ ふん おわり じ ふん

1 けいさんを しましょう。

〔1もん 2てん〕

①
```
   2 4
 +   8
```

⑥
```
   2 4
 + 1 8
```

⑪
```
   2 9
 +   1
```

⑯
```
   2 9
 + 1 1
```

②
```
   3 4
 +   8
```

⑦
```
   3 4
 + 1 8
```

⑫
```
   3 9
 +   2
```

⑰
```
   3 9
 + 1 2
```

③
```
   4 4
 +   8
```

⑧
```
   4 4
 + 1 8
```

⑬
```
   4 9
 +   3
```

⑱
```
   4 9
 + 1 3
```

④
```
   5 4
 +   8
```

⑨
```
   5 4
 + 1 8
```

⑭
```
   5 9
 +   4
```

⑲
```
   5 9
 + 1 4
```

⑤
```
   6 4
 +   8
```

⑩
```
   6 4
 + 1 8
```

⑮
```
   6 9
 +   5
```

⑳
```
   6 9
 + 1 5
```

右と 左の たしざんを
それぞれ くらべて
みよう。

©くもん出版

2けたの かずの たしざんを れんしゅうしよう。

2 けいさんを しましょう。 〔1もん 3てん〕

①
```
  18
+ 12
```

②
```
  18
+ 13
```

③
```
  18
+ 15
```

④
```
  28
+ 15
```

⑤
```
  28
+ 25
```

⑥
```
  16
+ 14
```

⑦
```
  26
+ 15
```

⑧
```
  26
+ 16
```

⑨
```
  36
+ 18
```

⑩
```
  36
+ 29
```

⑪
```
  29
+ 11
```

⑫
```
  29
+ 13
```

⑬
```
  29
+ 14
```

⑭
```
  39
+ 14
```

⑮
```
  39
+ 25
```

⑯
```
  27
+ 14
```

⑰
```
  27
+ 15
```

⑱
```
  37
+ 17
```

⑲
```
  37
+ 28
```

⑳
```
  37
+ 39
```

まちがえた もんだいは, もう 一ど
やりなおして みよう。

てん

16 たして 100まで(6)

月　日　名まえ　　　　　　　　はじめ　じ　ふん　おわり　じ　ふん

1 けいさんを しましょう。

〔1もん　2てん〕

① 　24
　+10

⑥ 　25
　+15

⑪ 　16
　+12

⑯ 　27
　+10

② 　24
　+11

⑦ 　25
　+17

⑫ 　26
　+13

⑰ 　37
　+12

③ 　34
　+12

⑧ 　35
　+16

⑬ 　26
　+25

⑱ 　37
　+14

④ 　44
　+14

⑨ 　45
　+18

⑭ 　36
　+16

⑲ 　47
　+15

⑤ 　44
　+25

⑩ 　45
　+29

⑮ 　36
　+29

⑳ 　47
　+28

2けたの かずの たしざんを れんしゅうしよう。

31

2 けいさんを しましょう。

〔1もん 3てん〕

❶
$$\begin{array}{r} 33 \\ +45 \\ \hline \end{array}$$

❷
$$\begin{array}{r} 32 \\ +60 \\ \hline \end{array}$$

❸
$$\begin{array}{r} 52 \\ +22 \\ \hline \end{array}$$

❹
$$\begin{array}{r} 40 \\ +51 \\ \hline \end{array}$$

❺
$$\begin{array}{r} 20 \\ +60 \\ \hline \end{array}$$

❻
$$\begin{array}{r} 28 \\ +12 \\ \hline \end{array}$$

❼
$$\begin{array}{r} 23 \\ +17 \\ \hline \end{array}$$

❽
$$\begin{array}{r} 28 \\ +13 \\ \hline \end{array}$$

❾
$$\begin{array}{r} 34 \\ +19 \\ \hline \end{array}$$

❿
$$\begin{array}{r} 45 \\ +18 \\ \hline \end{array}$$

⓫
$$\begin{array}{r} 44 \\ +27 \\ \hline \end{array}$$

⓬
$$\begin{array}{r} 49 \\ +24 \\ \hline \end{array}$$

⓭
$$\begin{array}{r} 48 \\ +39 \\ \hline \end{array}$$

⓮
$$\begin{array}{r} 56 \\ +37 \\ \hline \end{array}$$

⓯
$$\begin{array}{r} 59 \\ +24 \\ \hline \end{array}$$

⓰
$$\begin{array}{r} 38 \\ +25 \\ \hline \end{array}$$

⓱
$$\begin{array}{r} 28 \\ +33 \\ \hline \end{array}$$

⓲
$$\begin{array}{r} 39 \\ +41 \\ \hline \end{array}$$

⓳
$$\begin{array}{r} 27 \\ +57 \\ \hline \end{array}$$

⓴
$$\begin{array}{r} 58 \\ +38 \\ \hline \end{array}$$

まちがえた もんだいは, もう 一ど
やりなおして みよう。

てん

| 月　　日 | 名まえ | はじめ　　じ　ふん | おわり　　じ　ふん |

1　けいさんを　しましょう。　　　　〔1もん　2てん〕

①
```
  1 6
+ 6 2
```

⑥
```
  1 9
+ 3 3
```

⑪
```
  1 9
+ 4 3
```

⑯
```
  3 7
+ 2 4
```

②
```
  3 0
+ 4 0
```

⑦
```
  1 8
+ 4 3
```

⑫
```
  1 5
+ 4 8
```

⑰
```
  3 7
+ 4 8
```

③
```
  1 0
+ 3 8
```

⑧
```
  4 1
+ 1 9
```

⑬
```
  1 8
+ 4 8
```

⑱
```
  2 9
+ 5 7
```

④
```
  5 4
+ 2 0
```

⑨
```
  4 2
+ 1 9
```

⑭
```
  1 7
+ 5 7
```

⑲
```
  2 6
+ 5 5
```

⑤
```
  2 7
+ 4 2
```

⑩
```
  4 9
+ 1 5
```

⑮
```
  1 6
+ 7 4
```

⑳
```
  3 3
+ 5 8
```

©くもん出版

2けたの　かずの　たしざんを　れんしゅうしよう。

2 けいさんを しましょう。

〔1もん 3てん〕

① 　22
　 ＋30

⑥ 　16
　 ＋24

⑪ 　17
　 ＋25

⑯ 　35
　 ＋25

② 　45
　 ＋23

⑦ 　13
　 ＋39

⑫ 　46
　 ＋16

⑰ 　27
　 ＋23

③ 　57
　 ＋42

⑧ 　16
　 ＋49

⑬ 　53
　 ＋18

⑱ 　24
　 ＋57

④ 　14
　 ＋67

⑨ 　15
　 ＋47

⑭ 　62
　 ＋29

⑲ 　46
　 ＋37

⑤ 　67
　 ＋17

⑩ 　14
　 ＋69

⑮ 　47
　 ＋16

⑳ 　59
　 ＋39

まちがえた もんだいは, もう 一ど
やりなおして みよう。

てん

むずかしさ ★★☆

| 月 日 | 名まえ | はじめ じ ふん | おわり じ ふん |

1 けいさんを しましょう。

〔1もん 2てん〕

① 　１０
　＋２２

⑥ 　４７
　＋１６

⑪ 　２４
　＋１９

⑯ 　２８
　＋３７

② 　２３
　＋１０

⑦ 　２８
　＋１５

⑫ 　１６
　＋３６

⑰ 　３６
　＋２５

③ 　１１
　＋２９

⑧ 　３７
　＋２４

⑬ 　１９
　＋５３

⑱ 　２８
　＋４８

④ 　１８
　＋３５

⑨ 　４９
　＋２６

⑭ 　２９
　＋３５

⑲ 　２４
　＋６９

⑤ 　４６
　＋２７

⑩ 　６７
　＋２９

⑮ 　３９
　＋４８

⑳ 　３９
　＋５９

©くもん出版

２けたの かずの たしざんを れんしゅうしよう。

35

2 けいさんを しましょう。

〔1もん 3てん〕

①
```
  2 1
+ 1 0
```

②
```
  1 4
+ 2 3
```

③
```
  1 6
+ 6 4
```

④
```
  3 8
+ 5 8
```

⑤
```
  5 5
+ 3 6
```

⑥
```
  2 7
+ 4 7
```

⑦
```
  5 9
+ 2 7
```

⑧
```
  6 6
+ 2 9
```

⑨
```
  3 7
+ 5 5
```

⑩
```
  4 8
+ 3 4
```

⑪
```
  2 7
+ 4 3
```

⑫
```
  2 9
+ 3 3
```

⑬
```
  2 9
+ 5 5
```

⑭
```
  3 6
+ 5 7
```

⑮
```
  5 9
+ 3 9
```

⑯
```
  2 5
+ 4 5
```

⑰
```
  4 1
+ 2 9
```

⑱
```
  5 7
+ 2 4
```

⑲
```
  5 8
+ 2 7
```

⑳
```
  4 8
+ 4 9
```

まちがえた もんだいは, もう 一ど
やりなおして みよう。

てん

| 月 日 | 名まえ | はじめ じ ふん | おわり じ ふん |

1 けいさんを しましょう。

〔1もん 2てん〕

❶ 　 60
　＋30

❻ 　 39
　＋46

⓫ 　 33
　＋28

⓰ 　 52
　＋28

❷ 　 27
　＋37

❼ 　 27
　＋58

⓬ 　 29
　＋34

⓱ 　 38
　＋43

❸ 　 52
　＋29

❽ 　 39
　＋45

⓭ 　 26
　＋48

⓲ 　 46
　＋39

❹ 　 54
　＋26

❾ 　 29
　＋67

⓮ 　 35
　＋57

⓳ 　 24
　＋66

❺ 　 38
　＋58

❿ 　 65
　＋33

⓯ 　 59
　＋34

⓴ 　 58
　＋39

©くもん出版

2けたの かずの たしざんを れんしゅうしよう。

37

2 けいさんを しましょう。

〔1もん　3てん〕

① 　34
　+22

⑥ 　47
　+23

⑪ 　28
　+34

⑯ 　43
　+39

② 　26
　+25

⑦ 　28
　+55

⑫ 　33
　+48

⑰ 　18
　+62

③ 　47
　+28

⑧ 　57
　+37

⑬ 　37
　+55

⑱ 　39
　+56

④ 　29
　+35

⑨ 　62
　+29

⑭ 　46
　+38

⑲ 　46
　+42

⑤ 　56
　+34

⑩ 　26
　+56

⑮ 　54
　+29

⑳ 　59
　+28

まちがえた　もんだいは，もう　一ど
やりなおして　みよう。

てん

たして 100まで(10)

| 月 日 | 名まえ | はじめ じ ふん おわり じ ふん |

1 けいさんを しましょう。

〔1もん 2てん〕

①
$$\begin{array}{r} 14 \\ +20 \\ \hline \end{array}$$

⑥
$$\begin{array}{r} 38 \\ +23 \\ \hline \end{array}$$

⑪
$$\begin{array}{r} 26 \\ +47 \\ \hline \end{array}$$

⑯
$$\begin{array}{r} 45 \\ +25 \\ \hline \end{array}$$

②
$$\begin{array}{r} 27 \\ +43 \\ \hline \end{array}$$

⑦
$$\begin{array}{r} 36 \\ +36 \\ \hline \end{array}$$

⑫
$$\begin{array}{r} 36 \\ +28 \\ \hline \end{array}$$

⑰
$$\begin{array}{r} 46 \\ +26 \\ \hline \end{array}$$

③
$$\begin{array}{r} 35 \\ +16 \\ \hline \end{array}$$

⑧
$$\begin{array}{r} 66 \\ +29 \\ \hline \end{array}$$

⑬
$$\begin{array}{r} 48 \\ +48 \\ \hline \end{array}$$

⑱
$$\begin{array}{r} 47 \\ +27 \\ \hline \end{array}$$

④
$$\begin{array}{r} 63 \\ +29 \\ \hline \end{array}$$

⑨
$$\begin{array}{r} 27 \\ +59 \\ \hline \end{array}$$

⑭
$$\begin{array}{r} 58 \\ +35 \\ \hline \end{array}$$

⑲
$$\begin{array}{r} 57 \\ +28 \\ \hline \end{array}$$

⑤
$$\begin{array}{r} 47 \\ +26 \\ \hline \end{array}$$

⑩
$$\begin{array}{r} 37 \\ +59 \\ \hline \end{array}$$

⑮
$$\begin{array}{r} 47 \\ +34 \\ \hline \end{array}$$

⑳
$$\begin{array}{r} 49 \\ +49 \\ \hline \end{array}$$

©くもん出版

2けたの かずの たしざんを れんしゅうしよう。

2 けいさんを しましょう。

〔1もん 3てん〕

① 　12
　 ＋23

② 　52
　 ＋29

③ 　37
　 ＋46

④ 　28
　 ＋66

⑤ 　13
　 ＋78

⑥ 　23
　 ＋58

⑦ 　28
　 ＋68

⑧ 　65
　 ＋26

⑨ 　49
　 ＋38

⑩ 　37
　 ＋59

⑪ 　43
　 ＋27

⑫ 　48
　 ＋34

⑬ 　53
　 ＋29

⑭ 　57
　 ＋28

⑮ 　45
　 ＋37

⑯ 　26
　 ＋38

⑰ 　64
　 ＋26

⑱ 　27
　 ＋63

⑲ 　31
　 ＋49

⑳ 　79
　 ＋19

まちがえた もんだいは, もう 一ど
やりなおして みよう。

てん

21 たして 100まで(11)

むずかしさ ★★☆

| 月 日 | 名まえ | はじめ じ ふん | おわり じ ふん |

1 けいさんを しましょう。

〔1もん 2てん〕

①
```
   4 3
 + 1 9
```

⑥
```
   3 3
 + 2 2
```

⑪
```
   2 9
 + 4 2
```

⑯
```
   3 1
 + 3 3
```

②
```
   2 6
 + 5 7
```

⑦
```
   4 5
 + 1 8
```

⑫
```
   5 8
 + 3 4
```

⑰
```
   3 7
 + 2 7
```

③
```
   1 8
 + 5 3
```

⑧
```
   3 8
 + 4 6
```

⑬
```
   2 4
 + 5 9
```

⑱
```
   5 7
 + 1 5
```

④
```
   3 6
 + 2 5
```

⑨
```
   3 7
 + 5 9
```

⑭
```
   6 8
 + 2 9
```

⑲
```
   2 9
 + 6 6
```

⑤
```
   4 7
 + 3 4
```

⑩
```
   5 9
 + 2 1
```

⑮
```
   4 7
 + 4 8
```

⑳
```
   3 9
 + 5 9
```

©くもん出版

2けたの かずの たしざんを れんしゅうしよう。

41

2　けいさんを　しましょう。

❶　　64
　　+26

❻　　27
　　+33

⓫　　32
　　+48

⓰　　36
　　+51

❷　　52
　　+16

❼　　55
　　+26

⓬　　58
　　+34

⓱　　27
　　+67

❸　　57
　　+24

❽　　75
　　+19

⓭　　13
　　+44

⓲　　48
　　+43

❹　　45
　　+47

❾　　42
　　+51

⓮　　65
　　+28

⓳　　30
　　+55

❺　　46
　　+18

❿　　69
　　+29

⓯　　27
　　+68

⓴　　28
　　+39

©くもん出版

まちがえた　もんだいは，もう　一ど
やりなおして　みよう。

てん

| 月　　日 | 名まえ | はじめ　　じ　ふん | おわり　　じ　ふん |

1　けいさんを しましょう。

〔1もん　2てん〕

❶
```
  30
+ 40
```

❷
```
  40
+ 40
```

❸
```
  50
+ 50
```
□□0

❹
```
  50
+ 60
```

❺
```
  50
+ 70
```

❻
```
  30
+ 60
```

❼
```
  30
+ 70
```

❽
```
  30
+ 80
```

❾
```
  30
+ 90
```

❿
```
  50
+ 90
```

⓫
```
  60
+ 20
```

⓬
```
  60
+ 40
```

⓭
```
  60
+ 50
```

⓮
```
  60
+ 70
```

⓯
```
  60
+ 90
```

⓰
```
  40
+ 50
```

⓱
```
  40
+ 60
```

⓲
```
  40
+ 70
```

⓳
```
  40
+ 80
```

⓴
```
  70
+ 90
```

たして 3けたに なる たしざんを れんしゅうしよう。

2 けいさんを しましょう。

❶
```
  5 1
+ 2 0
─────
□ □
```

❻
```
  5 6
+ 1 5
─────
□ □
```

⑪
```
  5 2
+ 2 0
```

⑯
```
  6 7
+ 1 6
```

❷
```
  5 1
+ 3 0
```

❼
```
  6 6
+ 1 5
```

⑫
```
  6 2
+ 2 0
```

⑰
```
  6 7
+ 2 6
```

❸
```
  6 1
+ 3 1
```

❽
```
  7 6
+ 1 5
```

⑬
```
  7 2
+ 2 1
```

⑱
```
  6 7
+ 3 6
```

❹
```
  7 1
+ 3 1
─────
□ □ □
```

❾
```
  8 6
+ 1 5
─────
□ □ □
```

⑭
```
  8 2
+ 2 1
```

⑲
```
  6 7
+ 4 6
```

❺
```
  8 1
+ 3 2
```

❿
```
  9 6
+ 1 5
```

⑮
```
  8 2
+ 3 1
```

⑳
```
  6 7
+ 5 6
```

©くもん出版

まちがえた　もんだいは、もう　一ど
やりなおして　みよう。

44

てん

2けたの　かずの　たしざん（2）

むずかしさ　★★☆

月　日	名まえ	はじめ　じ　ふん　おわり　じ　ふん

1　けいさんを　しましょう。

〔1もん　2てん〕

① 　43
　＋32

⑥ 　26
　＋69

⑪ 　42
　＋42

⑯ 　64
　＋18

② 　44
　＋42

⑦ 　27
　＋69

⑫ 　43
　＋53

⑰ 　74
　＋19

③ 　54
　＋52

⑧ 　38
　＋49

⑬ 　53
　＋53

⑱ 　74
　＋29

④ 　54
　＋63

⑨ 　78
　＋29

⑭ 　64
　＋53

⑲ 　74
　＋39

⑤ 　54
　＋73

⑩ 　58
　＋49

⑮ 　84
　＋53

⑳ 　74
　＋59

©くもん出版

たして　3けたに　なる　たしざんを　れんしゅうしよう。

2 けいさんを しましょう。

〔1もん　3てん〕

① $\begin{array}{r} 10 \\ +30 \\ \hline \end{array}$　⑥ $\begin{array}{r} 36 \\ +28 \\ \hline \end{array}$　⑪ $\begin{array}{r} 82 \\ +15 \\ \hline \end{array}$　⑯ $\begin{array}{r} 68 \\ +27 \\ \hline \end{array}$

② $\begin{array}{r} 29 \\ +12 \\ \hline \end{array}$　⑦ $\begin{array}{r} 49 \\ +49 \\ \hline \end{array}$　⑫ $\begin{array}{r} 82 \\ +25 \\ \hline \end{array}$　⑰ $\begin{array}{r} 68 \\ +37 \\ \hline \end{array}$

③ $\begin{array}{r} 21 \\ +70 \\ \hline \end{array}$　⑧ $\begin{array}{r} 45 \\ +63 \\ \hline \end{array}$　⑬ $\begin{array}{r} 82 \\ +35 \\ \hline \end{array}$　⑱ $\begin{array}{r} 68 \\ +47 \\ \hline \end{array}$

④ $\begin{array}{r} 21 \\ +80 \\ \hline \end{array}$　⑨ $\begin{array}{r} 45 \\ +73 \\ \hline \end{array}$　⑭ $\begin{array}{r} 82 \\ +45 \\ \hline \end{array}$　⑲ $\begin{array}{r} 68 \\ +57 \\ \hline \end{array}$

⑤ $\begin{array}{r} 23 \\ +84 \\ \hline \end{array}$　⑩ $\begin{array}{r} 45 \\ +83 \\ \hline \end{array}$　⑮ $\begin{array}{r} 82 \\ +55 \\ \hline \end{array}$　⑳ $\begin{array}{r} 68 \\ +67 \\ \hline \end{array}$

まちがえた　もんだいは，もう　一ど
やりなおして　みよう。

46

□ てん

月　　日　名まえ　　はじめ　じ　ふん　おわり　じ　ふん

1　けいさんを　しましょう。

〔1もん　2てん〕

① 　22
　＋53

⑥ 　63
　＋24

⑪ 　46
　＋38

⑯ 　48
　＋35

② 　32
　＋54

⑦ 　63
　＋44

⑫ 　48
　＋44

⑰ 　48
　＋45

③ 　23
　＋75

⑧ 　63
　＋54

⑬ 　48
　＋54

⑱ 　48
　＋55

④ 　23
　＋85

⑨ 　63
　＋64

⑭ 　48
　＋64

⑲ 　48
　＋65

⑤ 　23
　＋95

⑩ 　63
　＋74

⑮ 　48
　＋74

⑳ 　48
　＋75

©くもん出版

たして　3けたに　なる　たしざんを　れんしゅうしよう。

47

2 けいさんを しましょう。

〔1もん 3てん〕

①
```
  46
+ 32
```

②
```
  25
+ 63
```

③
```
  15
+ 83
```

④
```
  34
+ 64
```

⑤
```
  64
+ 44
```

⑥
```
  48
+ 46
```

⑦
```
  37
+ 58
```

⑧
```
  35
+ 67
```

⑨
```
  35
+ 77
```

⑩
```
  35
+ 87
```

⑪
```
  16
+ 71
```

⑫
```
  57
+ 41
```

⑬
```
  27
+ 71
```

⑭
```
  67
+ 41
```

⑮
```
  65
+ 54
```

⑯
```
  68
+ 44
```

⑰
```
  38
+ 63
```

⑱
```
  48
+ 63
```

⑲
```
  58
+ 63
```

⑳
```
  58
+ 73
```

©くもん出版

まちがえた もんだいは, もう 一ど
やりなおして みよう。

てん

48

月　　日　　名まえ　　はじめ　　じ　ふん　　おわり　　じ　ふん

1　けいさんを　しましょう。　　　　　〔1もん　2てん〕

❶　43 +41

❷　54 +31

❸　54 +51

❹　65 +41

❺　75 +42

❻　45 +35

❼　45 +45

❽　45 +55

❾　35 +67

❿　35 +77

⓫　57 +13

⓬　57 +34

⓭　57 +44

⓮　68 +54

⓯　68 +64

⓰　52 +24

⓱　54 +44

⓲　74 +41

⓳　82 +35

⓴　92 +45

たして　3けたに　なる　たしざんを　れんしゅうしよう。

49

2 けいさんを しましょう。 〔1もん 3てん〕

❶
```
   4 6
+  2 4
```

❷
```
   4 6
+  3 4
```

❸
```
   5 6
+  3 4
```

❹
```
   5 6
+  4 4
```

❺
```
   6 6
+  5 5
```

❻
```
   2 9
+  5 3
```

❼
```
   3 9
+  4 7
```

❽
```
   4 9
+  2 7
```

❾
```
   5 9
+  3 7
```

❿
```
   5 9
+  4 7
```

⓫
```
   5 4
+  5 4
```

⓬
```
   5 4
+  6 5
```

⓭
```
   5 5
+  6 5
```

⓮
```
   6 5
+  6 7
```

⓯
```
   7 5
+  6 7
```

⓰
```
   3 8
+  5 6
```

⓱
```
   3 8
+  6 6
```

⓲
```
   5 8
+  7 6
```

⓳
```
   5 7
+  8 7
```

⓴
```
   5 7
+  9 7
```

まちがえた もんだいは, もう 一ど
やりなおして みよう。

てん

月　日　名まえ　　はじめ　じ　ふん　おわり　じ　ふん

1 けいさんを しましょう。 〔1もん 2てん〕

①
```
  3 0
+ 5 0
```

⑥
```
  5 8
+ 3 7
```

⑪
```
  3 7
+ 5 1
```

⑯
```
  4 8
+ 4 3
```

②
```
  8 0
+ 5 0
```

⑦
```
  5 8
+ 4 7
```

⑫
```
  8 2
+ 5 4
```

⑰
```
  4 8
+ 5 4
```

③
```
  9 0
+ 2 0
```

⑧
```
  5 8
+ 5 7
```

⑬
```
  9 7
+ 2 2
```

⑱
```
  4 8
+ 6 5
```

④
```
  4 0
+ 8 0
```

⑨
```
  5 8
+ 6 7
```

⑭
```
  5 4
+ 8 2
```

⑲
```
  6 8
+ 7 6
```

⑤
```
  6 0
+ 8 0
```

⑩
```
  5 8
+ 7 7
```

⑮
```
  6 4
+ 8 3
```

⑳
```
  7 8
+ 8 9
```

©くもん出版

たして 3けたに なる たしざんを れんしゅうしよう。

2 けいさんを しましょう。

〔1もん 3てん〕

①
```
   4 5
 + 2 7
```

②
```
   4 5
 + 3 9
```

③
```
   6 5
 + 4 2
```

④
```
   6 6
 + 5 3
```

⑤
```
   2 8
 + 5 4
```

⑥
```
   3 1
 + 6 3
```

⑦
```
   3 3
 + 7 5
```

⑧
```
   4 5
 + 7 2
```

⑨
```
   4 3
 + 7 8
```

⑩
```
   4 3
 + 8 8
```

⑪
```
   6 0
 + 2 2
```

⑫
```
   6 2
 + 4 3
```

⑬
```
   6 4
 + 6 5
```

⑭
```
   6 6
 + 7 2
```

⑮
```
   6 7
 + 9 1
```

⑯
```
   4 9
 + 5 0
```

⑰
```
   4 8
 + 6 3
```

⑱
```
   3 7
 + 8 4
```

⑲
```
   3 8
 + 9 4
```

⑳
```
   5 3
 + 9 8
```

まちがえた もんだいは, もう 一ど
やりなおして みよう。

てん

月　　日	名まえ	はじめ　じ　ふん　おわり　じ　ふん

1　けいさんを　しましょう。

〔1もん　2てん〕

❶ 　 3 3
　 ＋4 0

❷ 　 5 3
　 ＋4 0

❸ 　 5 3
　 ＋5 0

❹ 　 5 0
　 ＋6 3

❺ 　 5 0
　 ＋7 3

❻ 　 3 4
　 ＋6 0

❼ 　 3 4
　 ＋7 0

❽ 　 3 4
　 ＋8 0

❾ 　 3 0
　 ＋9 4

❿ 　 6 0
　 ＋9 4

⓫ 　 6 3
　 ＋2 0

⓬ 　 6 3
　 ＋5 8

⓭ 　 6 3
　 ＋6 8

⓮ 　 6 3
　 ＋7 8

⓯ 　 6 3
　 ＋8 8

⓰ 　 4 2
　 ＋5 3

⓱ 　 4 2
　 ＋6 3

⓲ 　 4 8
　 ＋7 7

⓳ 　 4 8
　 ＋8 5

⓴ 　 4 5
　 ＋9 8

たして　3けたに　なる　たしざんを　れんしゅうしよう。

2 けいさんを しましょう。

① 　27
　＋81

② 　82
　＋53

③ 　97
　＋22

④ 　54
　＋82

⑤ 　54
　＋86

⑥ 　28
　＋47

⑦ 　48
　＋37

⑧ 　58
　＋47

⑨ 　83
　＋72

⑩ 　71
　＋51

⑪ 　47
　＋24

⑫ 　57
　＋44

⑬ 　75
　＋46

⑭ 　57
　＋79

⑮ 　56
　＋84

⑯ 　28
　＋45

⑰ 　78
　＋45

⑱ 　78
　＋52

⑲ 　86
　＋57

⑳ 　76
　＋66

まちがえた もんだいは, もう 一ど
やりなおして みよう。

てん

月　日　名まえ　

1 けいさんを しましょう。

〔1もん　2てん〕

① 　44
　＋23

⑥ 　50
　＋39

⑪ 　28
　＋13

⑯ 　69
　＋36

② 　54
　＋23

⑦ 　62
　＋39

⑫ 　38
　＋43

⑰ 　49
　＋56

③ 　54
　＋53

⑧ 　72
　＋45

⑬ 　58
　＋43

⑱ 　89
　＋62

④ 　64
　＋73

⑨ 　92
　＋87

⑭ 　68
　＋53

⑲ 　99
　＋62

⑤ 　84
　＋73

⑩ 　62
　＋88

⑮ 　78
　＋93

⑳ 　99
　＋72

©くもん出版

たして 3けたに なる たしざんを れんしゅうしよう。

55

2 けいさんを しましょう。

❶　 5 3
　＋2 7

❻　 3 9
　＋4 7

⓫　 1 9
　＋7 7

⓰　 5 5
　＋2 8

❷　 4 8
　＋3 3

❼　 2 8
　＋5 9

⓬　 2 7
　＋4 9

⓱　 8 6
　＋4 7

❸　 6 5
　＋4 3

❽　 4 1
　＋6 9

⓭　 3 1
　＋8 4

⓲　 9 9
　＋5 0

❹　 7 7
　＋6 5

❾　 6 9
　＋3 6

⓮　 9 2
　＋4 9

⓳　 2 5
　＋7 8

❺　 8 7
　＋4 7

❿　 5 9
　＋8 2

⓯　 8 6
　＋6 5

⓴　 9 6
　＋7 5

©くもん出版

まちがえた もんだいは, もう 一ど
やりなおして みよう。

56

てん

| 月　日 | 名まえ | はじめ　じ　ふん | おわり　じ　ふん |

1 けいさんを しましょう。　〔1もん　2てん〕

❶ 　46
　+37

❻ 　28
　+63

⓫ 　39
　+53

⓰ 　45
　+55

❷ 　46
　+47

❼ 　48
　+73

⓬ 　49
　+83

⓱ 　55
　+55

❸ 　46
　+57

❽ 　68
　+83

⓭ 　69
　+73

⓲ 　65
　+55

❹ 　46
　+67

❾ 　78
　+83

⓮ 　89
　+53

⓳ 　75
　+55

❺ 　56
　+77

❿ 　98
　+83

⓯ 　99
　+43

⓴ 　95
　+55

たして 3けたに なる たしざんを れんしゅうしよう。

2 けいさんを しましょう。

〔1もん 3てん〕

❶
```
   6 0
 + 8 0
```

❻
```
   3 8
 + 7 5
```

⓫
```
   8 7
 + 7 6
```

⓰
```
   4 7
 + 6 7
```

❷
```
   3 8
 + 8 0
```

❼
```
   9 7
 + 5 8
```

⓬
```
   7 6
 + 4 8
```

⓱
```
   4 4
 + 7 6
```

❸
```
   8 5
 + 4 3
```

❽
```
   3 9
 + 6 7
```

⓭
```
   6 9
 + 3 3
```

⓲
```
   9 8
 + 4 6
```

❹
```
   3 3
 + 8 9
```

❾
```
   6 8
 + 3 6
```

⓮
```
   8 1
 + 3 9
```

⓳
```
   4 6
 + 8 9
```

❺
```
   6 9
 + 3 7
```

❿
```
   5 8
 + 6 9
```

⓯
```
   6 5
 + 5 9
```

⓴
```
   8 9
 + 5 6
```

まちがえた もんだいは, もう 一ど
やりなおして みよう。

てん

2けたの　かずの　たしざん(9)

| 月　日 | 名まえ | はじめ　じ　ふん | おわり　じ　ふん |

1　けいさんを　しましょう。

〔1もん　2てん〕

①　　70
　　+30

⑥　　60
　　+40

⑪　　80
　　+50

⑯　　69
　　+42

②　　70
　　+40

⑦　　63
　　+42

⑫　　83
　　+42

⑰　　69
　　+52

③　　70
　　+50

⑧　　54
　　+48

⑬　　74
　　+60

⑱　　69
　　+72

④　　70
　　+60

⑨　　17
　　+86

⑭　　26
　　+74

⑲　　69
　　+82

⑤　　70
　　+70

⑩　　73
　　+28

⑮　　43
　　+85

⑳　　69
　　+92

たして　3けたに　なる　たしざんを　れんしゅうしよう。

2 けいさんを しましょう。

〔1もん　3てん〕

①
$$85 + 43$$

⑥
$$79 + 67$$

⑪
$$65 + 59$$

⑯
$$79 + 86$$

②
$$33 + 89$$

⑦
$$68 + 55$$

⑫
$$67 + 77$$

⑰
$$88 + 41$$

③
$$69 + 47$$

⑧
$$78 + 89$$

⑬
$$44 + 76$$

⑱
$$37 + 72$$

④
$$58 + 76$$

⑨
$$69 + 33$$

⑭
$$98 + 46$$

⑲
$$68 + 41$$

⑤
$$97 + 58$$

⑩
$$81 + 39$$

⑮
$$66 + 89$$

⑳
$$20 + 93$$

まちがえた　もんだいは，もう　一ど
やりなおして　みよう。

てん

| 月 日 | 名まえ | はじめ じ ふん | おわり じ ふん |

1 けいさんを しましょう。

〔1もん 2てん〕

①
```
  7 1
+ 8 1
```

②
```
  6 0
+ 4 1
```

③
```
  6 6
+ 3 4
```

④
```
  5 3
+ 7 8
```

⑤
```
  3 5
+ 5 8
```

⑥
```
  2 9
+ 6 5
```

⑦
```
  4 9
+ 6 4
```

⑧
```
  7 3
+ 4 8
```

⑨
```
  2 9
+ 6 8
```

⑩
```
  2 7
+ 5 7
```

⑪
```
  3 9
+ 6 5
```

⑫
```
  8 3
+ 5 8
```

⑬
```
  7 2
+ 8 2
```

⑭
```
  8 7
+ 4 8
```

⑮
```
  3 2
+ 7 9
```

⑯
```
  8 6
+ 7 8
```

⑰ 31 + 42 ＝

⑱ 23 + 51 ＝

⑲ 54 + 32 ＝

⑳ 35 + 63 ＝

たして 3けたに なる たしざんを れんしゅうしよう。

2 けいさんを しましょう。

〔1もん 3てん〕

① 56
 +30

⑧ 69
 +37

⑮ 39
 +71

② 20
 +40

⑨ 18
 +78

⑯ 85
 +77

③ 70
 +68

⑩ 87
 +50

⑰ 71＋48＝

④ 78
 +66

⑪ 38
 +45

⑱ 63＋66＝

⑤ 39
 +48

⑫ 87
 +58

⑲ 57＋33＝

⑥ 28
 +90

⑬ 74
 +82

⑳ 68＋41＝

⑦ 41
 +83

⑭ 86
 +48

©くもん出版

まちがえた もんだいは, もう 一ど
やりなおして みよう。

てん

62

月　　日　　名まえ　　　　はじめ　じ　ふん　おわり　じ　ふん

1　けいさんを　しましょう。

〔1もん　2てん〕

① 　54
　+29

② 　59
　+45

③ 　66
　+45

④ 　58
　+67

⑤ 　56
　+77

⑥ 　74
　+89

⑦ 　86
　+88

⑧ 　89
　+91

⑨ 　24
　+78

⑩ 　45
　+78

⑪ 　47
　+86

⑫ 　83
　+59

⑬ 　65
　+79

⑭ 　69
　+73

⑮ 　87
　+79

⑯ 　96
　+87

⑰ 78＋19＝

⑱ 27＋67＝

⑲ 62＋56＝

⑳ 24＋94＝

©くもん出版

たして　3けたに　なる　たしざんを　れんしゅうしよう。

63

2 けいさんを しましょう。

〔1もん 3てん〕

①
```
   5 3
 + 3 0
```

②
```
   2 4
 + 4 2
```

③
```
   3 0
 + 6 0
```

④
```
   8 2
 + 5 1
```

⑤
```
   5 2
 + 4 9
```

⑥
```
   2 8
 + 9 2
```

⑦
```
   4 7
 + 8 5
```

⑧
```
   6 8
 + 4 9
```

⑨
```
   1 8
 + 9 0
```

⑩
```
   8 7
 + 5 2
```

⑪
```
   9 0
 + 3 7
```

⑫
```
   8 7
 + 5 6
```

⑬
```
   6 7
 + 4 8
```

⑭
```
   4 9
 + 5 3
```

⑮
```
   8 6
 + 5 4
```

⑯
```
   9 8
 + 8 3
```

⑰ $87 + 50 =$

⑱ $70 + 68 =$

⑲ $57 + 92 =$

⑳ $43 + 76 =$

まちがえた もんだいは, もう 一ど
やりなおして みよう。

てん

33 3けたの かずの たしざん(1)

月 日　名まえ　　はじめ　じ　ふん　おわり　じ　ふん

1 けいさんを しましょう。

〔1もん 2てん〕

① 　100
　＋　70
　　□□□

④ 　126
　＋　42

⑦ 　115
　＋　　7

⑩ 　128
　＋　53

② 　106
　＋　80

⑤ 　136
　＋　44

⑧ 　128
　＋　　3

③ 　120
　＋　43

⑥ 　110
　＋　　4

⑨ 　138
　＋　　5

2 けいさんを しましょう。

〔1もん 2てん〕

① 　116
　＋　29

④ 　223
　＋　69

⑦ 　433
　＋　58

⑩ 　427
　＋　54

② 　124
　＋　39

⑤ 　225
　＋　47

⑧ 　138
　＋　44

③ 　204
　＋　86

⑥ 　315
　＋　36

⑨ 　412
　＋　59

3けたの かずの たしざんを れんしゅうしよう。

3 けいさんを しましょう。

〔1もん 3てん〕

①
```
  130
+  12
```

⑥
```
  315
+  38
```

⑪
```
  572
+  18
```

⑯
```
  456
+  26
```

②
```
  343
+  56
```

⑦
```
  308
+  33
```

⑫
```
  326
+  25
```

⑰
```
  377
+   7
```

③
```
  325
+  42
```

⑧
```
  483
+   9
```

⑬
```
  231
+  60
```

⑱
```
  247
+  35
```

④
```
  336
+  29
```

⑨
```
  508
+  66
```

⑭
```
  454
+  18
```

⑲
```
  526
+  24
```

⑤
```
  254
+  37
```

⑩
```
  432
+  48
```

⑮
```
  306
+  87
```

⑳
```
  367
+  18
```

©くもん出版

まちがえた もんだいは, もう 一ど
やりなおして みよう。

てん

34

3けたの　かずの　たしざん(2)

むずかしさ ★★★

月　日　名まえ　　はじめ　じ　ふん　おわり　じ　ふん

1 けいさんを　しましょう。 〔1もん　2てん〕

① 100
＋100

④ 400
＋310

⑦ 320
＋230

⑩ 450
＋340

② 200
＋100

⑤ 200
＋620

⑧ 540
＋220

③ 300
＋100

⑥ 130
＋120

⑨ 260
＋130

2 けいさんを　しましょう。 〔1もん　2てん〕

① 118
＋300

④ 234
＋550

⑦ 223
＋125

⑩ 342
＋256

② 257
＋400

⑤ 645
＋330

⑧ 325
＋132

③ 591
＋200

⑥ 218
＋150

⑨ 436
＋143

©くもん出版

3けたの　かずどうしの　たしざんに　ちょうせんしよう。

67

3 けいさんを しましょう。

〔1もん 3てん〕

① 651
+100

② 320
+170

③ 520
+340

④ 449
+210

⑤ 647
+250

⑥ 832
+154

⑦ 273
+516

⑧ 308
+391

⑨ 573
+103

⑩ 253
+243

⑪ 192
+800

⑫ 230
+610

⑬ 420
+450

⑭ 164
+230

⑮ 746
+210

⑯ 317
+461

⑰ 105
+704

⑱ 416
+582

⑲ 774
+212

⑳ 565
+322

©くもん出版

まちがえた もんだいは, もう 一ど
やりなおして みよう。

てん

68

月　　日　名まえ

1 けいさんを　しましょう。　　　　　　　〔1もん　2てん〕

① 334
　+143

④ 464
　+318

⑦ 315
　+158

⑩ 313
　+348

② 334
　+149

⑤ 545
　+227

⑧ 636
　+256

③ 254
　+439

⑥ 247
　+116

⑨ 129
　+438

2 けいさんを　しましょう。　　　　　　　〔1もん　2てん〕

① 413
　+239

④ 453
　+209

⑦ 508
　+227

⑩ 486
　+208

② 403
　+239

⑤ 307
　+185

⑧ 604
　+376

③ 403
　+259

⑥ 309
　+333

⑨ 246
　+506

©くもん出版

3けたの　かずどうしの　たしざんに　ちょうせんしよう。

3 けいさんを しましょう。

〔1もん 3てん〕

①
```
  318
+ 473
```

⑥
```
  676
+ 209
```

⑪
```
  225
+ 369
```

⑯
```
  562
+ 118
```

②
```
  106
+ 287
```

⑦
```
  435
+ 358
```

⑫
```
  407
+ 506
```

⑰
```
  147
+ 225
```

③
```
  345
+ 137
```

⑧
```
  768
+ 207
```

⑬
```
  122
+ 419
```

⑱
```
  509
+ 123
```

④
```
  803
+ 128
```

⑨
```
  549
+ 146
```

⑭
```
  316
+ 505
```

⑲
```
  268
+ 118
```

⑤
```
  237
+ 329
```

⑩
```
  789
+ 206
```

⑮
```
  328
+ 542
```

⑳
```
  424
+ 457
```

©くもん出版

まちがえた もんだいは, もう 一ど
やりなおして みよう。

てん

3けたの　かずの　たしざん(4)

むずかしさ ★★★

月　日　名まえ　　はじめ　じ　ふん　おわり　じ　ふん

1 けいさんを　しましょう。　　〔1もん　2てん〕

① 　120
　 ＋160

④ 　240
　 ＋180

⑦ 　280
　 ＋538

⑩ 　467
　 ＋370

② 　120
　 ＋190

⑤ 　120
　 ＋194

⑧ 　340
　 ＋299

③ 　190
　 ＋280

⑥ 　150
　 ＋387

⑨ 　382
　 ＋160

2 けいさんを　しましょう。　　〔1もん　2てん〕

① 　152
　 ＋164

④ 　361
　 ＋175

⑦ 　193
　 ＋412

⑩ 　143
　 ＋365

② 　182
　 ＋195

⑤ 　364
　 ＋294

⑧ 　285
　 ＋221

③ 　236
　 ＋182

⑥ 　422
　 ＋296

⑨ 　174
　 ＋235

©くもん出版

3けたの　かずどうしの　たしざんに　ちょうせんしよう。

3 けいさんを しましょう。

〔1もん 3てん〕

①
```
  150
+ 370
```

⑥
```
  163
+ 176
```

⑪
```
  220
+ 190
```

⑯
```
  481
+ 325
```

②
```
  260
+ 570
```

⑦
```
  134
+ 283
```

⑫
```
  210
+ 292
```

⑰
```
  293
+ 372
```

③
```
  140
+ 283
```

⑧
```
  178
+ 451
```

⑬
```
  258
+ 380
```

⑱
```
  321
+ 291
```

④
```
  130
+ 396
```

⑨
```
  682
+ 196
```

⑭
```
  385
+ 192
```

⑲
```
  462
+ 381
```

⑤
```
  376
+ 180
```

⑩
```
  263
+ 464
```

⑮
```
  334
+ 573
```

⑳
```
  542
+ 274
```

まちがえた もんだいは, もう 一ど
やりなおして みよう。

てん

月　　日　名まえ

はじめ　じ　ふん　おわり　じ　ふん

1　けいさんを　しましょう。

〔1もん　2てん〕

① 100＋1＝

② 200＋1＝

③ 500＋1＝

④ 100＋3＝

⑤ 300＋3＝

⑥ 200＋6＝

⑦ 400＋6＝

⑧ 400＋4＝

⑨ 500＋4＝

⑩ 700＋4＝

⑪ 600＋5＝

⑫ 400＋5＝

⑬ 400＋8＝

⑭ 300＋4＝

⑮ 500＋4＝

⑯ 500＋8＝

⑰ 600＋3＝

⑱ 600＋5＝

⑲ 700＋4＝

⑳ 700＋7＝

㉑ 700＋9＝

㉒ 800＋1＝

㉓ 800＋4＝

㉔ 900＋6＝

㉕ 900＋8＝

100を　こえる　かずの　たしざんを　れんしゅうしよう。

2 けいさんを しましょう。

❶ $100+10=$

❷ $200+10=$

❸ $300+10=$

❹ $100+30=$

❺ $200+30=$

❻ $300+30=$

❼ $200+60=$

❽ $300+60=$

❾ $400+60=$

❿ $400+40=$

⓫ $500+40=$

⓬ $600+40=$

⓭ $700+40=$

⓮ $200+40=$

⓯ $200+50=$

⓰ $300+20=$

⓱ $300+70=$

⓲ $500+60=$

⓳ $500+80=$

⓴ $600+10=$

㉑ $700+70=$

㉒ $700+90=$

㉓ $800+10=$

㉔ $800+60=$

㉕ $900+20=$

©くもん出版

まちがえた もんだいは, もう 一ど
やりなおして みよう。

74

てん

月 日	名まえ		はじめ じ ふん	おわり じ ふん

1　けいさんを　しましょう。

〔1もん　2てん〕

① 100＋100＝200

② 200＋100＝300

③ 300＋100＝

④ 500＋100＝

⑤ 100＋200＝

⑥ 300＋200＝

⑦ 500＋200＝

⑧ 700＋200＝

⑨ 100＋300＝

⑩ 200＋300＝

⑪ 500＋300＝

⑫ 600＋300＝

⑬ 600＋400＝

⑭ 200＋400＝

⑮ 400＋400＝

⑯ 500＋500＝

⑰ 100＋500＝

⑱ 300＋500＝

⑲ 400＋500＝

⑳ 100＋600＝

㉑ 200＋600＝

㉒ 400＋600＝

㉓ 100＋700＝

㉔ 300＋700＝

㉕ 100＋800＝

©くもん出版

100を　こえる　かずの　たしざんを　れんしゅうしよう。

2 けいさんを しましょう。

〔1もん 2てん〕

① $500+100=$

② $600+100=$

③ $700+100=$

④ $800+100=$

⑤ $800+200=$

⑥ $700+200=$

⑦ $600+200=$

⑧ $500+200=$

⑨ $500+300=$

⑩ $600+300=$

⑪ $700+300=$

⑫ $700+400=$

⑬ $800+400=$

⑭ $600+400=$

⑮ $600+500=$

⑯ $700+500=$

⑰ $700+600=$

⑱ $400+600=$

⑲ $500+600=$

⑳ $500+700=$

㉑ $400+700=$

㉒ $300+700=$

㉓ $300+800=$

㉔ $400+800=$

㉕ $200+900=$

©くもん出版

まちがえた もんだいは, もう 一ど
やりなおして みよう。

てん

76

39 大きな かずの たしざん(8)

月　日　名まえ　　はじめ　じ　ふん　おわり　じ　ふん

1 けいさんを しましょう。　　　　　〔1もん　4てん〕

① 1000＋100＝

② 2000＋100＝

③ 4000＋100＝

④ 1000＋300＝

⑤ 3000＋300＝

⑥ 2000＋600＝

⑦ 4000＋600＝

⑧ 4000＋800＝

⑨ 5000＋800＝

⑩ 5000＋200＝

⑪ 8000＋200＝

⑫ 8000＋500＝

1000を こえる かずの たしざんに ちょうせんしよう。

2 けいさんを しましょう。 〔1もん 4てん〕

❶ 1000+1000=

❷ 2000+1000=

❸ 4000+1000=

❹ 1000+3000=

❺ 2000+3000=

❻ 6000+3000=

❼ 6000+4000=

❽ 3000+4000=

❾ 3000+5000=

❿ 4000+5000=

⓫ 1000+7000=

⓬ 3000+7000=

⓭ 8000+2000=

まちがえた もんだいは, もう 一ど
やりなおして みよう。

てん

月　日　名まえ　　はじめ　じ　ふん　おわり　じ　ふん

1 かっこの 中を 先に けいさんして, こたえを 出しましょう。

〔1もん　2てん〕

❶　（6＋4）＋5＝

❷　6＋（4＋5）＝

❸　（6＋13）＋7＝

❹　6＋（13＋7）＝

❺　（5＋9）＋21＝

❻　5＋（9＋21）＝

❼　（12＋18）＋24＝

❽　12＋（18＋24）＝

❶と❷, ❸と❹,
❺と❻, ❼と❽は
それぞれ どちらの
ほうが けいさんが
らくかな。
かんがえて みよう。

2 かんたんに けいさんできる じゅんじょで けいさんしましょう。

〔1もん　3てん〕

❶　3＋7＋8＝

❷　5＋8＋2＝

❸　9＋11＋6＝

❹　8＋16＋4＝

❺　22＋8＋14＝

❻　15＋7＋23＝

❼　17＋21＋19＝

❽　35＋15＋23＝

©くもん出版

3つの かずを たす けいさんを れんしゅうしよう。

79

3 かっこの 中を 先に けいさんして, こたえを 出しましょう。

〔1もん 3てん〕

❶ （7＋3）＋4＝

❷ （24＋6）＋8＝

❸ （9＋31）＋28＝

❹ （32＋18）＋14＝

❺ 7＋（6＋44）＝

❻ 24＋（5＋5）＝

❼ 8＋（23＋37）＝

❽ 16＋（13＋27）＝

4 じゅんじょを くふうして けいさんしましょう。

〔1もん 3てん〕

❶ 6＋8＋2＝

❷ 7＋3＋8＝

❸ 5＋15＋3＝

❹ 4＋24＋6＝

❺ 32＋8＋42＝

❻ 25＋4＋36＝

❼ 8＋4＋16＝

❽ 13＋17＋5＝

❾ 23＋38＋22＝

❿ 7＋25＋45＝

⓫ 5＋37＋15＝

⓬ 16＋23＋34＝

©くもん出版

まちがえた もんだいは, もう 一ど やりなおして みよう。

てん

80

| 月 日 | 名まえ | はじめ じ ふん | おわり じ ふん |

1 けいさんを しましょう。　〔1もん　4てん〕

①
```
    2
    3
+   4
─────
 ┌──┐
 └──┘
```

③
```
    4
    7
+   5
─────
┌──┬──┐
└──┴──┘
```

⑤
```
    6
    9
+   8
─────
```

②
```
  1 2
  3 4
+ 4 3
─────
```

④
```
  3 5
  2 1
+ 3 7
─────
```

⑥
```
  4 8
  1 7
+ 2 6
─────
```

2 けいさんを しましょう。　〔1もん　4てん〕

①
```
  2 1
  4 5
+ 3 3
─────
```

③
```
  3 6
  2 5
+ 3 4
─────
```

⑤
```
  4 2
  5 4
+ 3 1
─────
```

②
```
  3 2
  1 5
+ 4 4
─────
```

④
```
  4 3
  2 8
+ 1 9
─────
```

⑥
```
  3 8
  5 6
+ 2 7
─────
```

©くもん出版

3つの かずの たしざんを ひっさんで れんしゅうしよう。

3 けいさんを しましょう。

❶
```
   3 4
   1 2
＋ 4 3
```

❷
```
   2 6
   3 5
＋ 2 4
```

❸
```
   3 1
   5 6
＋ 7 2
```

❹
```
   3 7
   4 5
＋ 5 1
```

❺
```
   5 2
   2 9
＋ 6 3
```

❻
```
   4 6
   2 1
＋ 1 7
```

❼
```
   1 5
   3 1
＋ 3 4
```

❽
```
   2 8
   6 2
＋ 4 3
```

❾
```
   4 3
   2 5
＋ 1 6
```

❿
```
   4 2
   5 6
＋ 1 7
```

⓫
```
   2 3
   2 7
＋ 3 9
```

⓬
```
   3 5
   4 7
＋ 6 8
```

⓭
```
   4 6
   5 2
＋ 6 7
```

©くもん出版

まちがえた もんだいは, もう 一ど
やりなおして みよう。

てん

1 つぎの けいさんを しましょう。　　　〔1もん　2てん〕

① $50+90=$

② $70+80=$

③ $4+30=$

④ $5+70=$

⑤ $6+32=$

⑥ $4+35=$

⑦ $47+40=$

⑧ $50+24=$

2 つぎの けいさんを しましょう。　　　〔1もん　3てん〕

①
$$\begin{array}{r} 12 \\ +\ 6 \\ \hline \end{array}$$

⑤
$$\begin{array}{r} 18 \\ +\ 9 \\ \hline \end{array}$$

⑨
$$\begin{array}{r} 24 \\ +14 \\ \hline \end{array}$$

⑬
$$\begin{array}{r} 34 \\ +46 \\ \hline \end{array}$$

②
$$\begin{array}{r} 23 \\ +18 \\ \hline \end{array}$$

⑥
$$\begin{array}{r} 33 \\ +57 \\ \hline \end{array}$$

⑩
$$\begin{array}{r} 68 \\ +18 \\ \hline \end{array}$$

⑭
$$\begin{array}{r} 47 \\ +29 \\ \hline \end{array}$$

③
$$\begin{array}{r} 49 \\ +34 \\ \hline \end{array}$$

⑦
$$\begin{array}{r} 53 \\ +44 \\ \hline \end{array}$$

⑪
$$\begin{array}{r} 36 \\ +43 \\ \hline \end{array}$$

⑮
$$\begin{array}{r} 28 \\ +53 \\ \hline \end{array}$$

④
$$\begin{array}{r} 45 \\ +50 \\ \hline \end{array}$$

⑧
$$\begin{array}{r} 52 \\ +39 \\ \hline \end{array}$$

⑫
$$\begin{array}{r} 70 \\ +23 \\ \hline \end{array}$$

⑯
$$\begin{array}{r} 47 \\ +35 \\ \hline \end{array}$$

©くもん出版

3 つぎの けいさんを しましょう。 〔1もん 2てん〕

①
```
   2 4
 + 6 0
```

⑥
```
   6 7
 + 1 9
```

⑪
```
  1 4 6
 +  3 8
```

②
```
   6 3
 + 6 5
```

⑦
```
   3 6
 + 7 7
```

⑫ 88+41=

③
```
   4 5
 + 7 3
```

⑧
```
   7 9
 + 2 3
```

⑬ 57+92=

④
```
   5 4
 + 4 6
```

⑨
```
   2 5
 + 9 5
```

⑭ 63+70=

⑤
```
   9 8
 + 6 5
```

⑩
```
  1 0 9
 +  6 4
```

4 つぎの けいさんを しましょう。 〔1もん 2てん〕

① 16+27+23=

③
```
   2 3
   5 4
 + 1 8
```

④
```
   3 9
   4 7
 + 6 2
```

② 42+38+25=

©くもん出版

てんすうを つけてから，95ページの
アドバイス を よもう。

てん

こたえ　● 2年生　たし算

1 たす1〜たす9　P.1・2

1

❶5	⓮9		
❷7	⓯14		
❸6	⓰10		
❹10	⓱10		
❺8	⓲13		
❻10	⓳15		
❼12	⓴10		
❽8	㉑13		
❾11	㉒16		
❿9	㉓12		
⓫7	㉔15		
⓬13	㉕18		
⓭9			

2

❶10	⓮7		
❷12	⓯7		
❸11	⓰9		
❹11	⓱14		
❺11	⓲18		
❻11	⓳11		
❼16	⓴12		
❽11	㉑10		
❾13	㉒10		
❿10	㉓12		
⓫15	㉔13		
⓬16	㉕16		
⓭17			

2 たして 19まで　P.3・4

1

❶10	⓮17		
❷11	⓯18		
❸12	⓰19		
❹13	⓱17		
❺12	⓲18		
❻13	⓳19		
❼14	⓴17		
❽15	㉑18		
❾16	㉒19		
❿17	㉓18		
⓫16	㉔19		
⓬17	㉕19		
⓭18			

2

❶11	⓮19		
❷13	⓯15		
❸15	⓰17		
❹18	⓱19		
❺13	⓲17		
❻14	⓳18		
❼17	⓴19		
❽19	㉑17		
❾13	㉒19		
❿16	㉓18		
⓫19	㉔19		
⓬15	㉕19		
⓭16			

3 大きな かずの たしざん(1)　P.5・6

1

❶23	⓮39		
❷55	⓯49		
❸84	⓰58		
❹38	⓱97		
❺77	⓲20		
❻96	⓳60		
❼45	⓴50		
❽69	㉑70		
❾27	㉒50		
❿46	㉓80		
⓫78	㉔100		
⓬14	㉕90		
⓭28			

2

❶17	⓮27		
❷39	⓯49		
❸59	⓰90		
❹80	⓱56		
❺78	⓲27		
❻23	⓳49		
❼69	⓴57		
❽100	㉑37		
❾86	㉒67		
❿67	㉓52		
⓫29	㉔29		
⓬37	㉕79		
⓭80			

4 チェックテスト　P.7・8

1

❶8	⓮18
❷15	⓯4
❸9	⓰15
❹16	⓱12
❺7	⓲12
❻13	⓳11
❼14	⓴11
❽12	㉑11
❾8	㉒13
❿14	㉓7
⓫7	㉔14
⓬10	㉕13
⓭10	

2

❶15	⓫16
❷19	⓬18
❸16	⓭17
❹17	⓮17
❺17	⓯18
❻19	⓰19
❼17	⓱19
❽16	⓲16
❾19	⓳19
❿14	⓴18

3

❶70	❹100
❷39	❺68
❸87	

5 たして　24まで　　P.9・10

1
① 14　⑭ 18
② 16　⑮ 20
③ 18　⑯ 22
④ 15　⑰ 20
⑤ 17　⑱ 21
⑥ 19　⑲ 22
⑦ 16　⑳ 23
⑧ 18　㉑ 21
⑨ 20　㉒ 22
⑩ 17　㉓ 23
⑪ 19　㉔ 24
⑫ 20　㉕ 21
⑬ 21

2
① 17　⑭ 21
② 19　⑮ 22
③ 20　⑯ 23
④ 20　⑰ 24
⑤ 22　⑱ 21
⑥ 18　⑲ 22
⑦ 20　⑳ 23
⑧ 22　㉑ 24
⑨ 20　㉒ 21
⑩ 22　㉓ 22
⑪ 24　㉔ 23
⑫ 22　㉕ 24
⑬ 24

6 たして　28まで　　P.11・12

1
① 17　⑭ 21
② 18　⑮ 22
③ 19　⑯ 23
④ 20　⑰ 24
⑤ 19　⑱ 22
⑥ 20　⑲ 23
⑦ 21　⑳ 24
⑧ 20　㉑ 25
⑨ 21　㉒ 23
⑩ 22　㉓ 24
⑪ 21　㉔ 25
⑫ 22　㉕ 26
⑬ 23

2
① 17　⑭ 22
② 19　⑮ 23
③ 21　⑯ 25
④ 23　⑰ 26
⑤ 19　⑱ 27
⑥ 21　⑲ 25
⑦ 23　⑳ 24
⑧ 24　㉑ 26
⑨ 19　㉒ 27
⑩ 21　㉓ 26
⑪ 23　㉔ 25
⑫ 24　㉕ 28
⑬ 25

7 大きな　かずの　たしざん(2)　　P.13・14

1
① 13　⑬ 13
② 15　⑭ 15
③ 17　⑮ 17
④ 23　⑯ 23
⑤ 25　⑰ 25
⑥ 27　⑱ 27
⑦ 31　⑲ 31
⑧ 36　⑳ 36
⑨ 46　㉑ 46
⑩ 56　㉒ 56
⑪ 67　㉓ 67
⑫ 78　㉔ 78

2
① 32　⑭ 26
② 54　⑮ 34
③ 78　⑯ 97
④ 23　⑰ 82
⑤ 45　⑱ 19
⑥ 21　⑲ 64
⑦ 16　⑳ 58
⑧ 69　㉑ 33
⑨ 77　㉒ 46
⑩ 52　㉓ 28
⑪ 41　㉔ 89
⑫ 75　㉕ 74
⑬ 63　㉖ 37

P.15・16

8 大きな かずの たしざん(3)

1

① 18	⑭ 18		
② 28	⑮ 528		
③ 38	⑯ 648		
④ 18	⑰ 768		
⑤ 28	⑱ 817		
⑥ 48	⑲ 927		
⑦ 68	⑳ 29		
⑧ 19	㉑ 49		
⑨ 28	㉒ 246		
⑩ 29	㉓ 58		
⑪ 38	㉔ 68		
⑫ 239	㉕ 588		
⑬ 59			

2

① 19	⑭ 68		
② 19	⑮ 66		
③ 29	⑯ 69		
④ 26	⑰ 79		
⑤ 37	⑱ 79		
⑥ 39	⑲ 74		
⑦ 39	⑳ 83		
⑧ 37	㉑ 84		
⑨ 47	㉒ 89		
⑩ 47	㉓ 88		
⑪ 56	㉔ 98		
⑫ 58	㉕ 97		
⑬ 59			

P.17・18

9 大きな かずの たしざん(4)

1

① 15	⑭ 51		
② 19	⑮ 572		
③ 20	⑯ 695		
④ 21	⑰ 778		
⑤ 23	⑱ 892		
⑥ 25	⑲ 984		
⑦ 25	⑳ 86		
⑧ 29	㉑ 88		
⑨ 30	㉒ 287		
⑩ 31	㉓ 86		
⑪ 33	㉔ 94		
⑫ 35	㉕ 99		
⑬ 45			

2

① 15	⑭ 75		
② 19	⑮ 98		
③ 20	⑯ 72		
④ 21	⑰ 93		
⑤ 23	⑱ 95		
⑥ 25	⑲ 96		
⑦ 25	⑳ 83		
⑧ 29	㉑ 84		
⑨ 30	㉒ 267		
⑩ 31	㉓ 84		
⑪ 33	㉔ 81		
⑫ 35	㉕ 588		
⑬ 45			

P.19・20

10 大きな かずの たしざん(5)

1

① 80	⑭ 110		
② 90	⑮ 120		
③ 100	⑯ 140		
④ 110	⑰ 120		
⑤ 100	⑱ 130		
⑥ 110	⑲ 150		
⑦ 120	⑳ 130		
⑧ 100	㉑ 160		
⑨ 110	㉒ 170		
⑩ 130	㉓ 130		
⑪ 110	㉔ 160		
⑫ 130	㉕ 170		
⑬ 140			

2

① 110	⑭ 110		
② 140	⑮ 120		
③ 160	⑯ 110		
④ 100	⑰ 150		
⑤ 130	⑱ 140		
⑥ 150	⑲ 150		
⑦ 110	⑳ 140		
⑧ 160	㉑ 130		
⑨ 170	㉒ 120		
⑩ 160	㉓ 130		
⑪ 140	㉔ 170		
⑫ 120	㉕ 180		
⑬ 110			

P.21・22

11 たして 100まで(1)

1

① 6	④ 6		
② 8	⑤ 8	⑦ 8	⑨ 8
③ 9	⑥ 9	⑧ 9	⑩ 9

2

① 8	④ 9	⑦ 16	⑩ 18
② 9	⑤ 8	⑧ 18	
③ 9	⑥ 15	⑨ 19	

3

① 16	⑥ 16	⑪ 19	⑯ 18
② 16	⑦ 16	⑫ 20	⑰ 15
③ 17	⑧ 18	⑬ 20	⑱ 22
④ 19	⑨ 19	⑭ 21	⑲ 23
⑤ 19	⑩ 20	⑮ 18	⑳ 25

> **アドバイス** たしざんの ひっさんは, とくべつに むずかしい けいさんでは ありません。けいさんを やりながら なれるように しましょう。

1

❶15	❻24	⓫23	⓰25
❷19	❼26	⓬25	⓱28
❸22	❽20	⓭27	⓲29
❹22	❾20	⓮28	⓳30
❺22	❿24	⓯20	⓴34

> アドバイス　2けた　たす　1けたの
> ひっさんは　正しく　できるように　な
> りましたか。もし，まちがえた　ところ
> が　あったら，もう　一ど　けいさんし
> なおして　みましょう。

2

❶21	❻31	⓫24	⓰35
❷22	❼32	⓬27	⓱38
❸23	❽33	⓭28	⓲36
❹26	❾36	⓮28	⓳38
❺25	❿35	⓯29	⓴48

> アドバイス　2けたどうしの　たしざん
> に　なっても，おなじように　けいさん
> が　できましたか。もし，むずかしいな
> と　おもうようでしたら，1に　もどっ
> て，2けた　たす　1けたを　よく　お
> さらいしましょう。

1

❶30	❻41	⓫43	⓰55
❷33	❼42	⓬46	⓱59
❸32	❽41	⓭65	⓲68
❹34	❾44	⓮58	⓳66
❺37	❿46	⓯99	⓴98

2

❶41	❻50	⓫36	⓰48
❷44	❼52	⓬33	⓱78
❸42	❽54	⓭35	⓲77
❹45	❾53	⓮39	⓳98
❺46	❿56	⓯85	⓴39

1

❶20	❻30	⓫20	⓰40
❷30	❼40	⓬30	⓱50
❸40	❽50	⓭40	⓲60
❹50	❾60	⓮50	⓳70
❺60	❿70	⓯60	⓴80

2

❶21	❻31	⓫21	⓰31
❷31	❼41	⓬31	⓱41
❸41	❽51	⓭41	⓲51
❹51	❾61	⓮51	⓳61
❺61	❿71	⓯61	⓴71

1

❶32	❻42	⓫30	⓰40
❷42	❼52	⓬41	⓱51
❸52	❽62	⓭52	⓲62
❹62	❾72	⓮63	⓳73
❺72	❿82	⓯74	⓴84

2

❶30	❻30	⓫40	⓰41
❷31	❼41	⓬42	⓱42
❸33	❽42	⓭43	⓲54
❹43	❾54	⓮53	⓳65
❺53	❿65	⓯64	⓴76

16 たして 100まで(6) P.31・32

1
❶34	❻40	⓫28	⓰37
❷35	❼42	⓬39	⓱49
❸46	❽51	⓭51	⓲51
❹58	❾63	⓮52	⓳62
❺69	❿74	⓯65	⓴75

2
❶78	❻40	⓫71	⓰63
❷92	❼40	⓬73	⓱61
❸74	❽41	⓭87	⓲80
❹91	❾53	⓮93	⓳84
❺80	❿63	⓯83	⓴96

17 たして 100まで(7) P.33・34

1
❶78	❻52	⓫62	⓰61
❷70	❼61	⓬63	⓱85
❸48	❽60	⓭66	⓲86
❹74	❾61	⓮74	⓳81
❺69	❿64	⓯90	⓴91

2
❶52	❻40	⓫42	⓰60
❷68	❼52	⓬62	⓱50
❸99	❽65	⓭71	⓲81
❹81	❾62	⓮91	⓳83
❺84	❿83	⓯63	⓴98

18 たして 100まで(8) P.35・36

1
❶32	❻63	⓫43	⓰65
❷33	❼43	⓬52	⓱61
❸40	❽61	⓭72	⓲76
❹53	❾75	⓮64	⓳93
❺73	❿96	⓯87	⓴98

2
❶31	❻74	⓫70	⓰70
❷37	❼86	⓬62	⓱70
❸80	❽95	⓭84	⓲81
❹96	❾92	⓮93	⓳85
❺91	❿82	⓯98	⓴97

19 たして 100まで(9) P.37・38

1
❶90	❻85	⓫61	⓰80
❷64	❼85	⓬63	⓱81
❸81	❽84	⓭74	⓲85
❹80	❾96	⓮92	⓳90
❺96	❿98	⓯93	⓴97

2
❶56	❻70	⓫62	⓰82
❷51	❼83	⓬81	⓱80
❸75	❽94	⓭92	⓲95
❹64	❾91	⓮84	⓳88
❺90	❿82	⓯83	⓴87

20 たして 100まで(10) P.39・40

1
❶34	❻61	⓫73	⓰70
❷70	❼72	⓬64	⓱72
❸51	❽95	⓭96	⓲74
❹92	❾86	⓮93	⓳85
❺73	❿96	⓯81	⓴98

2
❶35	❻81	⓫70	⓰64
❷81	❼96	⓬82	⓱90
❸83	❽91	⓭82	⓲90
❹94	❾87	⓮85	⓳80
❺91	❿96	⓯82	⓴98

21 たして 100まで(11) P.41・42

1
❶62	❻55	⓫71	⓰64
❷83	❼63	⓬92	⓱64
❸71	❽84	⓭83	⓲72
❹61	❾96	⓮97	⓳95
❺81	❿80	⓯95	⓴98

2
❶90	❻60	⓫80	⓰87
❷68	❼81	⓬92	⓱94
❸81	❽94	⓭57	⓲91
❹92	❾93	⓮93	⓳85
❺64	❿98	⓯95	⓴67

22 2けたの かずの たしざん(1) P.43・44

1
①70　⑥90　⑪80　⑯90
②80　⑦100　⑫100　⑰100
③100　⑧110　⑬110　⑱110
④110　⑨120　⑭130　⑲120
⑤120　⑩140　⑮150　⑳160

2
①71　⑥71　⑪72　⑯83
②81　⑦81　⑫82　⑰93
③92　⑧91　⑬93　⑱103
④102　⑨101　⑭103　⑲113
⑤113　⑩111　⑮113　⑳123

> **アドバイス**　たして 3けたに なる たしざんは, すらすらと できましたか。もし じかんが かかるようでしたら, くりかえし れんしゅうして おきましょう。

23 2けたの かずの たしざん(2) P.45・46

1
①75　⑥95　⑪84　⑯82
②86　⑦96　⑫96　⑰93
③106　⑧87　⑬106　⑱103
④117　⑨107　⑭117　⑲113
⑤127　⑩107　⑮137　⑳133

2
①40　⑥64　⑪97　⑯95
②41　⑦98　⑫107　⑰105
③91　⑧108　⑬117　⑱115
④101　⑨118　⑭127　⑲125
⑤107　⑩128　⑮137　⑳135

24 2けたの かずの たしざん(3) P.47・48

1
①75　⑥87　⑪84　⑯83
②86　⑦107　⑫92　⑰93
③98　⑧117　⑬102　⑱103
④108　⑨127　⑭112　⑲113
⑤118　⑩137　⑮122　⑳123

2
①78　⑥94　⑪87　⑯112
②88　⑦95　⑫98　⑰101
③98　⑧102　⑬98　⑱111
④98　⑨112　⑭108　⑲121
⑤108　⑩122　⑮119　⑳131

25 2けたの かずの たしざん(4) P.49・50

1
①84　⑥80　⑪70　⑯76
②85　⑦90　⑫91　⑰98
③105　⑧100　⑬101　⑱115
④106　⑨102　⑭122　⑲117
⑤117　⑩112　⑮132　⑳137

2
①70　⑥82　⑪108　⑯94
②80　⑦86　⑫119　⑰104
③90　⑧76　⑬120　⑱134
④100　⑨96　⑭132　⑲144
⑤121　⑩106　⑮142　⑳154

26 2けたの かずの たしざん(5) P.51・52

1
①80　⑥95　⑪88　⑯91
②130　⑦105　⑫136　⑰102
③110　⑧115　⑬119　⑱113
④120　⑨125　⑭136　⑲144
⑤140　⑩135　⑮147　⑳167

2
①72　⑥94　⑪82　⑯99
②84　⑦108　⑫105　⑰111
③107　⑧117　⑬129　⑱121
④119　⑨121　⑭138　⑲132
⑤82　⑩131　⑮158　⑳151

27 2けたの かずの たしざん(6) P.53・54

1
❶73 ❻94 ⓫83 ⓰95
❷93 ❼104 ⓬121 ⓱105
❸103 ❽114 ⓭131 ⓲125
❹113 ❾124 ⓮141 ⓳133
❺123 ❿154 ⓯151 ⓴143

2
❶108 ❻75 ⓫71 ⓰73
❷135 ❼85 ⓬101 ⓱123
❸119 ❽105 ⓭121 ⓲130
❹136 ❾155 ⓮136 ⓳143
❺140 ❿122 ⓯140 ⓴142

28 2けたの かずの たしざん(7) P.55・56

1
❶67 ❻89 ⓫41 ⓰105
❷77 ❼101 ⓬81 ⓱105
❸107 ❽117 ⓭101 ⓲151
❹137 ❾179 ⓮121 ⓳161
❺157 ❿150 ⓯171 ⓴171

2
❶80 ❻86 ⓫96 ⓰83
❷81 ❼87 ⓬76 ⓱133
❸108 ❽110 ⓭115 ⓲149
❹142 ❾105 ⓮141 ⓳103
❺134 ❿141 ⓯151 ⓴171

29 2けたの かずの たしざん(8) P.57・58

1
❶83 ❻91 ⓫92 ⓰100
❷93 ❼121 ⓬132 ⓱110
❸103 ❽151 ⓭142 ⓲120
❹113 ❾161 ⓮142 ⓳130
❺133 ❿181 ⓯142 ⓴150

2
❶140 ❻113 ⓫163 ⓰114
❷118 ❼155 ⓬124 ⓱120
❸128 ❽106 ⓭102 ⓲144
❹122 ❾104 ⓮120 ⓳135
❺106 ❿127 ⓯124 ⓴145

30 2けたの かずの たしざん(9) P.59・60

1
❶100 ❻100 ⓫130 ⓰111
❷110 ❼105 ⓬125 ⓱121
❸120 ❽102 ⓭134 ⓲141
❹130 ❾103 ⓮100 ⓳151
❺140 ❿101 ⓯128 ⓴161

2
❶128 ❻146 ⓫124 ⓰165
❷122 ❼123 ⓬144 ⓱129
❸116 ❽167 ⓭120 ⓲109
❹134 ❾102 ⓮144 ⓳109
❺155 ❿120 ⓯155 ⓴113

31 2けたの かずの たしざん(10) P.61・62

1
❶152 ❽121 ⓯111
❷101 ❾97 ⓰164
❸100 ❿84 ⓱73
❹131 ⓫104 ⓲74
❺93 ⓬141 ⓳86
❻94 ⓭154 ⓴98
❼113 ⓮135

2
❶86 ❽106 ⓯110
❷60 ❾96 ⓰162
❸138 ❿137 ⓱119
❹144 ⓫83 ⓲129
❺87 ⓬145 ⓳90
❻118 ⓭156 ⓴109
❼124 ⓮134

アドバイス よこがきの けいさんが むずかしいようでしたら，たてがきに なおして ひっさんで やっても かまいません。なれると，よこがきの まま できるように なります。

32 2けたの かずの たしざん(11) P.63・64

1
①83 ⑧180 ⑮166
②104 ⑨102 ⑯183
③111 ⑩123 ⑰97
④125 ⑪133 ⑱94
⑤133 ⑫142 ⑲118
⑥163 ⑬144 ⑳118
⑦174 ⑭142

2
①83 ⑧117 ⑮140
②66 ⑨108 ⑯181
③90 ⑩139 ⑰137
④133 ⑪127 ⑱138
⑤101 ⑫143 ⑲149
⑥120 ⑬115 ⑳119
⑦132 ⑭102

33 3けたの かずの たしざん(1) P.65・66

1
①170 ④168 ⑦122 ⑩181
②186 ⑤180 ⑧131
③163 ⑥114 ⑨143

2
①145 ④292 ⑦491 ⑩481
②163 ⑤272 ⑧182
③290 ⑥351 ⑨471

3
①142 ⑥353 ⑪590 ⑯482
②399 ⑦341 ⑫351 ⑰384
③367 ⑧492 ⑬291 ⑱282
④365 ⑨574 ⑭472 ⑲550
⑤291 ⑩480 ⑮393 ⑳385

> **アドバイス** 3けたの かずの ひっさんも けいさんの しかたは 2けたの ときと おなじです。

34 3けたの かずの たしざん(2) P.67・68

1
①200 ④710 ⑦550 ⑩790
②300 ⑤820 ⑧760
③400 ⑥250 ⑨390

2
①418 ④784 ⑦348 ⑩598
②657 ⑤975 ⑧457
③791 ⑥368 ⑨579

3
①751 ⑥986 ⑪992 ⑯778
②490 ⑦789 ⑫840 ⑰809
③860 ⑧699 ⑬870 ⑱998
④659 ⑨676 ⑭394 ⑲986
⑤897 ⑩496 ⑮956 ⑳887

35 3けたの かずの たしざん(3) P.69・70

1
①477 ④782 ⑦473 ⑩661
②483 ⑤772 ⑧892
③693 ⑥363 ⑨567

2
①652 ④662 ⑦735 ⑩694
②642 ⑤492 ⑧980
③662 ⑥642 ⑨752

3
①791 ⑥885 ⑪594 ⑯680
②393 ⑦793 ⑫913 ⑰372
③482 ⑧975 ⑬541 ⑱632
④931 ⑨695 ⑭821 ⑲386
⑤566 ⑩995 ⑮870 ⑳881

36 3けたの かずの たしざん(4) P.71・72

1
①280 ④420 ⑦818 ⑩837
②310 ⑤314 ⑧639
③470 ⑥537 ⑨542

2
①316 ④536 ⑦605 ⑩508
②377 ⑤658 ⑧506
③418 ⑥718 ⑨409

3
❶520 ❻339 ⓫410 ⓰806
❷830 ❼417 ⓬502 ⓱665
❸423 ❽629 ⓭638 ⓲612
❹526 ❾878 ⓮577 ⓳843
❺556 ❿727 ⓯907 ⓴816

37 大きな かずの たしざん(6)　P.73・74

1
❶101 ⓮304
❷201 ⓯504
❸501 ⓰508
❹103 ⓱603
❺303 ⓲605
❻206 ⓳704
❼406 ⓴707
❽404 ㉑709
❾504 ㉒801
❿704 ㉓804
⓫605 ㉔906
⓬405 ㉕908
⓭408

2
❶110 ⓮240
❷210 ⓯250
❸310 ⓰320
❹130 ⓱370
❺230 ⓲560
❻330 ⓳580
❼260 ⓴610
❽360 ㉑770
❾460 ㉒790
❿440 ㉓810
⓫540 ㉔860
⓬640 ㉕920
⓭740

38 大きな かずの たしざん(7)　P.75・76

1
❶200 ⓮600
❷300 ⓯800
❸400 ⓰1000
❹600 ⓱600
❺300 ⓲800
❻500 ⓳900
❼700 ⓴700
❽900 ㉑800
❾400 ㉒1000
❿500 ㉓800
⓫800 ㉔1000
⓬900 ㉕900
⓭1000

2
❶600 ⓮1000
❷700 ⓯1100
❸800 ⓰1200
❹900 ⓱1300
❺1000 ⓲1000
❻900 ⓳1100
❼800 ⓴1200
❽700 ㉑1100
❾800 ㉒1000
❿900 ㉓1100
⓫1000 ㉔1200
⓬1100 ㉕1100
⓭1200

> **アドバイス** まちがえずに できまし
> たか。100の まとまりを かんがえて
> けいさんすると，よいですね。

㊴ 大きな かずの たしざん(8) P.77・78

1
① 1100
② 2100
③ 4100
④ 1300
⑤ 3300
⑥ 2600
⑦ 4600
⑧ 4800
⑨ 5800
⑩ 5200
⑪ 8200
⑫ 8500

2
① 2000
② 3000
③ 5000
④ 4000
⑤ 5000
⑥ 9000
⑦ 10000
⑧ 7000
⑨ 8000
⑩ 9000
⑪ 8000
⑫ 10000
⑬ 10000

㊵ 3つの かずの たしざん(1) P.79・80

1
① 15
② 15
③ 26
④ 26
⑤ 35
⑥ 35
⑦ 54
⑧ 54

2
① 18
② 15
③ 26
④ 28
⑤ 44
⑥ 45
⑦ 57
⑧ 73

アドバイス ( )の 中を 先に たして けいさんできましたか。( )が ある しきの ときは,( )の 中を 先に けいさんしましょう。

3
① 14
② 38
③ 68
④ 64
⑤ 57
⑥ 34
⑦ 68
⑧ 56

4
① 16
② 18
③ 23
④ 34
⑤ 82
⑥ 65
⑦ 28
⑧ 35
⑨ 83
⑩ 77
⑪ 57
⑫ 73

アドバイス 3つの かずの たしざん を する ときは,たしやすい 2つの かずを 先に たしてから,のこりの 1つの かずを たす ほうが,けいさんしやすく なりますね。

2年生 たし算

94